手腦並用樂趣多！

讓孩子均衡發展的
科學玩具101款

簡單就能製作的室內玩具，
讓孩子在家盡情地玩！

小孩子無時無刻都有「想玩」的念頭。
與其說念頭，或許應該說，活著當下的每一刻，
本身就是一場場的「遊戲」。
所以，大人用「沒有玩耍的空間」、「沒有玩具」
這些藉口來塘塞孩子、剝奪孩子的玩樂時間，
不過是自己圖方便罷了，不是嗎？

本書將介紹不再扼殺孩子「想玩」的心情、且能玩得更不亦樂乎的
各式各樣簡易手作玩具。
書中的101款玩具，都能讓親子一起在家裡無負擔地大玩特玩！

如果是1～3歲的孩子，請由家長製作，再與孩子一起玩！
如果是4、5歲的孩子，就可以和孩子共同挑戰製作玩具！
製作過程本身就是充滿樂趣的一種遊戲了。
此外，請將本書所介紹的作法化為靈感，
嘗試製作出別出心裁的原創作品、不斷發掘出獨具新意的玩法吧！
如此一來，本書的遊戲一定會變得有趣百倍、甚至千倍！

只要孩子能動動手、運用身體、玩得盡興，自然就沒問題！
因為，遊戲中蘊含了孩子成長所需的一切要素！

玩呀～玩呀～盡情地玩吧！
玩具如果玩壞了就重新製作，然後再繼續玩吧！

築地制作所

基本上兩頁介紹1個作品。製作起來更順手！

本書基本上是用兩頁的篇幅介紹1個作品與其作法（也有例外）。方便讀者一邊確認作品的完成品照片，一邊閱覽作法，製作起來更迅速流暢！

●作品編號＆名稱

分別針對桌上、客廳、浴室、臥房、智育類、節日活動幾大項，介紹101款作品。一律標示連續號碼，方便讀者從目錄或依材料分類的索引查詢。此外，一開始會先介紹較簡單的作品，因此可以馬上就掌握內容。

●作法

讀者可以一邊對照作法的說明及圖片，一邊確認完成品的照片，一步步完成玩具。

●玩法

介紹玩具的玩法及遊戲的變化。

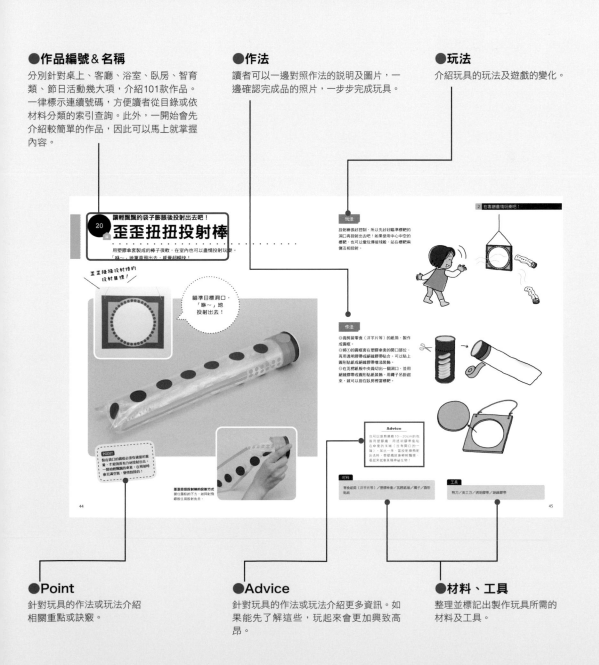

●Point

針對玩具的作法或玩法介紹相關重點或訣竅。

●Advice

針對玩具的作法或玩法介紹更多資訊。如果能先了解這些，玩起來會更加興致高昂。

●材料、工具

整理並標記出製作玩具所需的材料及工具。

PART 1
不占空間的桌上遊戲

PART 2
在客廳盡情玩樂吧！

PART 3
在浴室內玩水上玩具！

PART 4
利用臥室的空間或牆壁玩遊戲吧！

PART 5
樂趣滿載的智育遊戲！

PART 6
活動&節慶的玩樂點子！

●小小專欄

PART 1

不占空間的
桌上遊戲

本章收錄許多作法簡單的小玩具。
即使只有小小的空間也可以
馬上玩、立刻樂翻天！

1 血盆大口大嘴怪

這是一款陷阱玩具，藉著橡皮筋的彈力讓怪獸猛然閉起嘴巴。
玩再多次都還是會心驚膽顫呢！

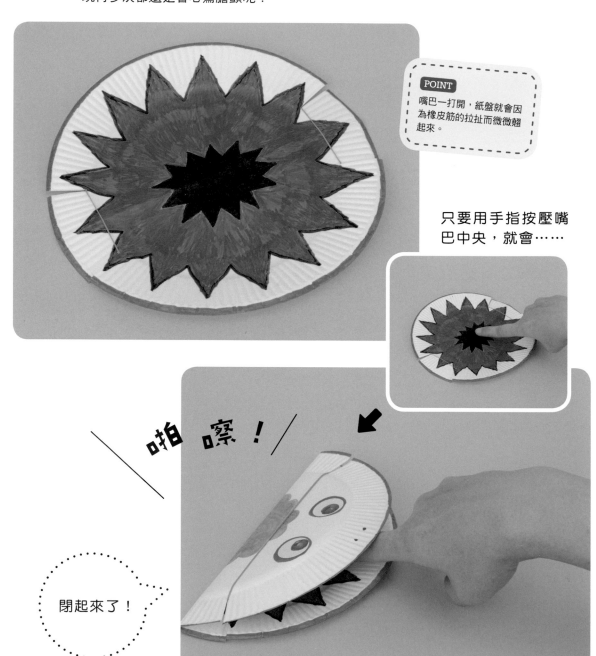

POINT
嘴巴一打開，紙盤就會因為橡皮筋的拉扯而微微翹起來。

只要用手指按壓嘴巴中央，就會……

啪嚓！

閉起來了！

玩法

將怪獸的嘴巴大大張開，接著只要用手指按壓中央，大嘴巴就會「啪嚓！」地閉上並咬住手指頭。先設好陷阱，讓人大吃一驚吧。

作法

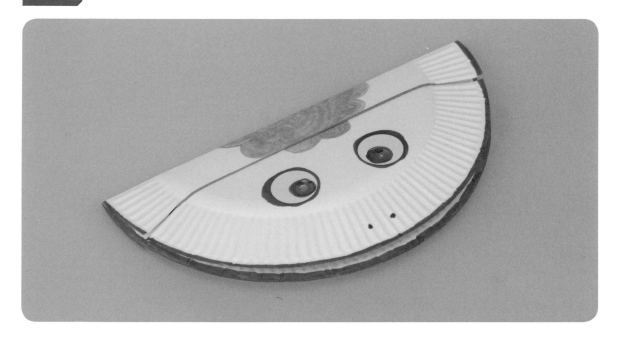

❶將紙盤對摺，並依圖所示於4個地方剪出缺口。於內側及外側分別畫上嘴巴內部及怪獸的臉。

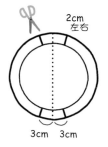 

❷把紙盤對摺成一半，將橡皮筋套入缺口中。

材料

紙盤／橡皮筋

工具

剪刀／筆

9

嚇人妖怪

會突然輕快地跳起來喔！

2·3

本篇介紹的 2 種妖怪玩具，都是利用橡皮筋及牛奶紙盒製作而成。
看那猛烈跳躍的模樣，玩再多次都樂此不疲！

2 超級大翻轉
炸彈妖怪

先摺疊好紙盒以利翻轉，
只要放開按壓的手指，就
會……

先「啪」地攤開來……

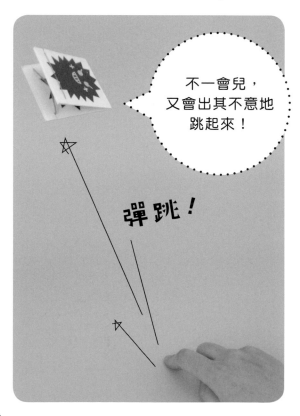

不一會兒，
又會出其不意地
跳起來！

彈跳！

3 輕快地跳躍起來
跳跳妖怪

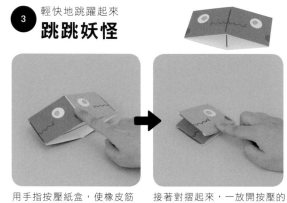

用手指按壓紙盒，使橡皮筋
左右延展開來

接著對摺起來，一放開按壓的
手指，就會……

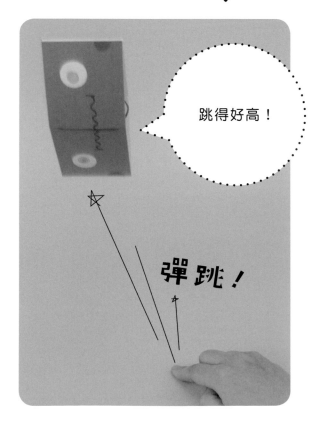

跳得好高！

彈跳！

10

炸彈妖怪

先摺疊好紙盒以利翻轉，放在地板或是桌上。放開手指後會先攤開來，片刻之後會再彈跳起來，回到原本的模樣。

跳跳妖怪

用手指按壓，讓橡皮筋左右延展開來，放在地板或是桌上。放開手指就會跳躍起來。

作法

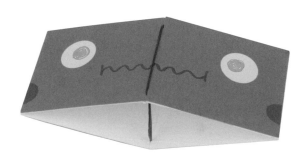

炸彈妖怪

❶將牛奶紙盒的開口及底部剪掉，裁切成6cm左右的寬度，接著再裁切成一半（只使用兩面）。

❷先在彩色美術紙上畫好喜歡的圖案，再黏貼上去（如果背面也畫上圖案可更添趣味），接著依圖所示，分別於4個地方剪出5mm左右的缺口。

❸如圖所示，將橡皮筋交叉套入缺口，呈8字狀。

背面

跳跳妖怪

❶將牛奶紙盒的開口及底部剪掉，裁切成6cm左右的寬度。

❷在彩色美術紙上畫好喜歡的圖案後黏貼上去，於對角處的上下4個角落各剪出5mm左右的缺口。

❸如圖所示，將橡皮筋套入缺口。

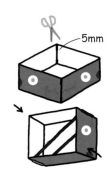

5mm

5mm

啪嚓！

彈跳！

材料

牛奶紙盒／橡皮筋／彩色美術紙

工具

剪刀／畫筆／膠水

轉呀轉呀彈珠瓶

只要搖動寶特瓶，裡頭的彈珠就會開始繞圈圈。
因為離心力而順勢打轉起來，畫出漂亮的弧線。

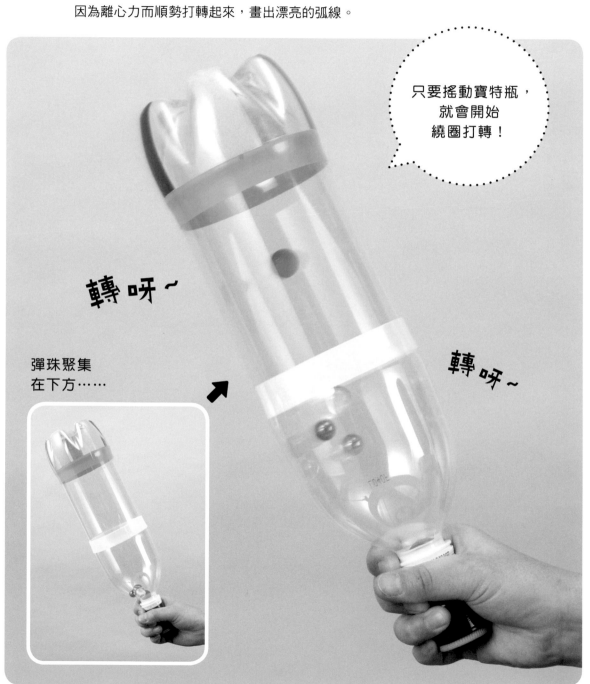

只要搖動寶特瓶，
就會開始
繞圈打轉！

轉呀～

彈珠聚集
在下方……

轉呀～

玩法

如畫圈般轉動寶特瓶，讓裡頭的彈珠沿著寶特瓶內側移動。訣竅在於，只要轉動手腕使瓶底畫圓就好。轉的技巧對了，就能聽到「唰～唰～」的悅耳聲音喔！

作法

❶將3～5顆彈珠放入寶特瓶後，旋緊瓶蓋。如圖所示，在瓶蓋上疊合另一個瓶蓋，再用布膠帶或是絕緣膠帶纏繞，牢牢固定。

❷用絕緣膠帶或油性筆裝飾瓶身後就完成了。

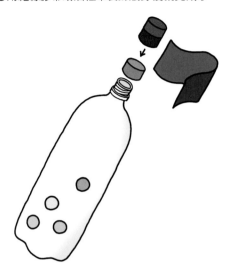

Advice

裝碳酸飲料的寶特瓶凹凸較少，最適合用來製作這款玩具！使用較大的瓶子（2公升），可以清清楚楚地看到瓶內彈珠繞圈旋轉的狀況，非常有趣！

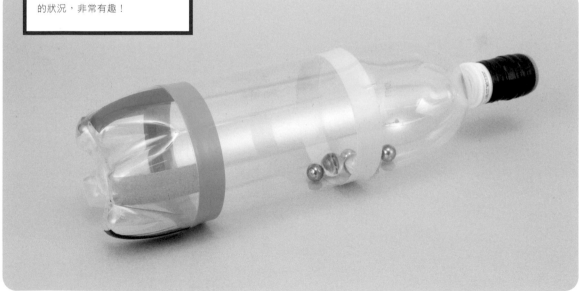

材料

圓筒狀（角度或凹凸較少）、容量2公升寶特瓶／寶特瓶的瓶蓋／彈珠

工具

布膠帶或絕緣膠帶／油性筆

翻呀翻呀變身卡片

將牛奶紙盒剪剪貼貼，就能完成簡單的卡片機關！
只要翻動中央的卡片就可以變出4種圖案的超特別變身卡。

橫向使用

盡量填滿卡片空間，畫出大大的臉，改變眼睛或嘴巴讓表情有變化。試試看各種不同的巧思吧！

笑咪咪～
微微笑～

咦？你説什麼？

什麼！那真是不得了啊！

真傷腦筋呢……。

直立使用

一翻開卡片，蛋殼便會裂開來，露出裡面的動物。來瞧瞧是誰躲在蛋裡呢？

好大
一顆蛋

是誰躲在裡面呢？

放進口袋裡帶著走吧！

原來是鱷魚寶寶！

玩法

將中央裁切好的兩張卡片左右或上下翻動，變換圖案。不妨試著一邊編織各種故事、一邊畫圖，畫好再來玩吧！

作法

❶將牛奶紙盒的開口及底部剪掉，再依圖示剪開攤平（Ⓐ）。

❷以紙盒內側的白底當表面，將中間兩面立起來摺成山狀，用雙面膠貼合（Ⓑ）。

❸在貼合面的正中央剪出一道缺口（Ⓒ）。

❹邊左右（或上下）翻動剪出缺口的紙卡，邊畫上喜歡的圖案後就完成了（Ⓓ）。

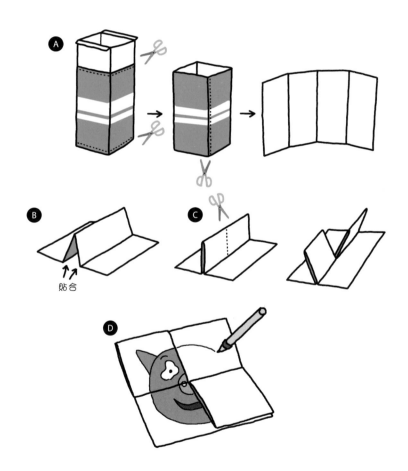

材料
牛奶紙盒

工具
剪刀／雙面膠／油性筆

一起左搖搖、右擺擺吧！

6 不倒仙人掌先生

無論怎麼推他都會再爬起來，不屈不撓的仙人掌先生。
不管玩幾次都不會膩，真的超有趣。

下方圓圓的，
所以不管怎麼搖，
都能搖～搖～
晃～晃地
恢復原狀！

即使一口氣往側邊壓，
但手一放開……。

啊呀呀呀！絕對不會倒下呢！

晃～晃

搖～搖

玩法

將仙人掌先生放在地面或桌上，使其左右搖擺。

作法

❶利用雙面膠，將三號電池（或是用透明膠帶捆好的3顆五號電池）固定在扭蛋殼下半部的底部（**Ⓐ**）。

❷在彩色美術紙上切割出V型切口後，繞扭蛋殼1圈捲成圓柱狀，用透明膠帶固定紙張（**Ⓑ**）。

❸將②的V型切口立起當成仙人掌的刺。在扭蛋殼與彩色美術紙的交界處纏上絕緣膠帶。用彩色美術紙做出仙人掌先生的手臂和眼睛（用畫筆畫出眼珠）後，黏貼固定（**Ⓒ**）。

或者是

Advice

將重物（電池）牢牢固定在扭蛋殼底部的中央，是製作時的一大重點。如果重物太輕，會無法承受整體重量，導致仙人掌倒下後難以回到原本的樣子。

材料

扭蛋殼／三號電池1顆（若沒有可用3顆五號電池）／彩色美術紙

工具

剪刀／美工刀／透明膠帶／雙面膠／絕緣膠帶／筆

拉拉海綿、壓壓海綿，其樂無比！

伸縮自如的
海綿遊戲

小朋友們最喜歡海綿遊戲了。
介紹幾種獨特的小玩具，玩法很單純，更能樂在其中。

伸縮自如 **海綿毛毛蟲**

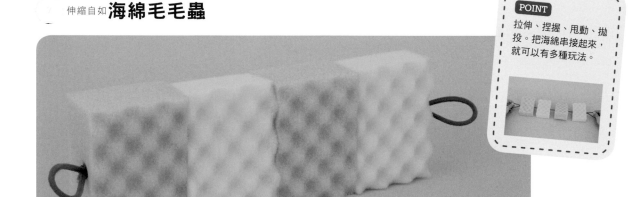

> **POINT**
> 拉伸、捏握、甩動、拋投。把海綿串接起來，就可以有多種玩法。

擠擠塞塞 **海綿拼圖箱**

> **POINT**
> 捏握、擠壓、放入、取出。只要有個箱子充當拼圖板，就可以像玩拼圖般無限次地重覆玩。

玩法

捏握、擠壓、拉伸海綿，玩法自由不拘。「鬆鬆軟軟」、「緊緊捏住」、「用力壓壓」，和孩子一起邊玩邊感受各種觸覺吧！

作法

海綿毛毛蟲

❶在海綿上欲鑽孔之處做記號，再用錐子鑽孔。
❷使用穿繩器，將鬆緊帶穿過海綿再串接起來，於兩端繞成環狀並打結。

海綿拼圖箱

❶用膠水將彩色美術紙貼在小型瓦楞紙箱上，接著於上方及側面裁切出比海綿略小的洞口（圓形、三角形或星形等等）。
❷於箱底裁出一個洞口，以便取出海綿。

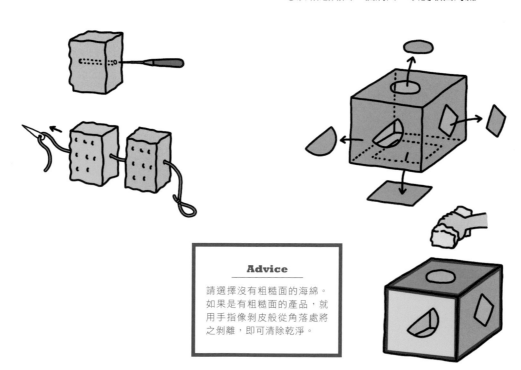

Advice

請選擇沒有粗糙面的海綿。如果是有粗糙面的產品，就用手指像剝皮般從角落處將之剝離，即可清除乾淨。

材料

●海綿毛毛蟲
海綿／鬆緊帶
●海綿拼圖箱
小型瓦楞紙箱／彩色美術紙／海綿

工具

●海綿毛毛蟲
剪刀／錐子／穿繩器
●海綿拼圖箱
剪刀／美工刀／膠水

夾起來、串起來，一起來創作吧！

晒衣夾積木＋α

用晒衣夾取代積木來玩吧！
只要加上一個素材當骨架，就可以讓創造力無限拓展。

晒衣夾＋裁成小片的厚紙板
高塔

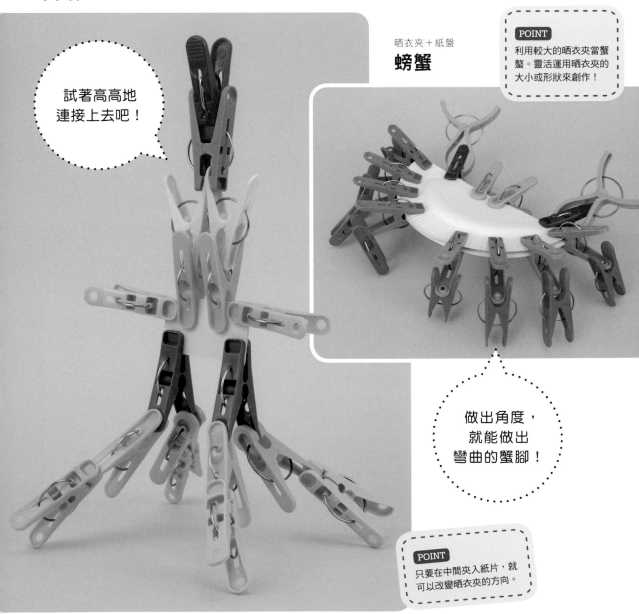

晒衣夾＋紙盤
螃蟹

試著高高地
連接上去吧！

POINT
利用較大的晒衣夾當蟹
螯。靈活運用晒衣夾的
大小或形狀來創作！

做出角度，
就能做出
彎曲的蟹腳！

POINT
只要在中間夾入紙片，就
可以改變晒衣夾的方向。

玩法

將多個晒衣夾互相夾住、串連起來，或是利用紙片、紙筒芯、紙盤、免洗筷當骨架串連。

作法

❶將紙盤對摺；免洗筷則可直接使用不必扳開。
❷將厚紙板裁切成適當大小；衛生紙捲筒芯則在欲夾上晒衣夾的部位切割好切口，更便於使用。

試著夾出巨大的翅膀吧！

晒衣夾＋免洗筷

鳥

POINT

善用晒衣夾的形狀做成鳥嘴。可以用免洗筷前端夾住一個晒衣夾。

晒衣夾＋
衛生紙捲筒芯

麋鹿

可以順利維持平衡嗎？

POINT

利用衛生紙捲筒芯當作身體。訣竅是先在各處切割出切口，便於夾上晒衣夾。

材料

晒衣夾／厚紙板／紙盤／免洗筷／衛生紙捲筒芯

工具

剪刀

10 人造手臂夾夾樂

將吸管組合起來，製作出神奇的人造手臂。
快來玩玩看，夾住你的目標物吧！

目標物如果是
環狀物，
就可以輕輕鬆鬆地
夾起來喔！

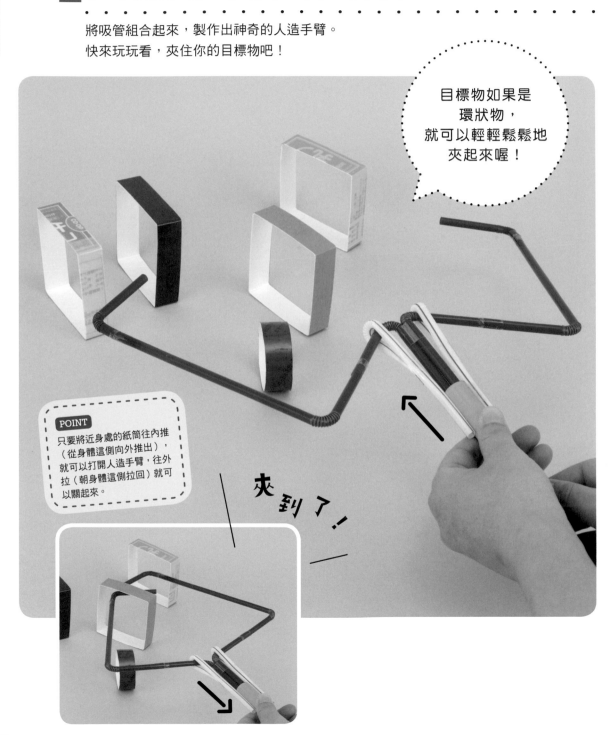

POINT

只要將近身處的紙筒往內推
（從身體這側向外推出），
就可以打開人造手臂，往外
拉（朝身體這側拉回）就可
以關起來。

夾到了！

玩法

將環狀的目標物放在桌上或地板上，用吸管前端夾取。

作法

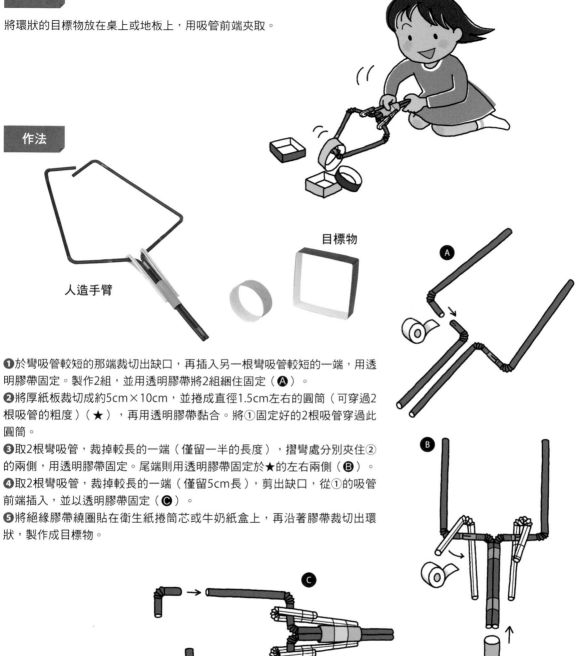

人造手臂

目標物

❶於彎吸管較短的那端裁切出缺口，再插入另一根彎吸管較短的一端，用透明膠帶固定。製作2組，並用透明膠帶將2組綑住固定（Ⓐ）。

❷將厚紙板裁切成約5cm×10cm，並捲成直徑1.5cm左右的圓筒（可穿過2根吸管的粗度）（★），再用透明膠帶黏合。將①固定好的2根吸管穿過此圓筒。

❸取2根彎吸管，裁掉較長的一端（僅留一半的長度），摺彎處分別夾住②的兩側，用透明膠帶固定。尾端則用透明膠帶固定於★的左右兩側（Ⓑ）。

❹取2根彎吸管，裁掉較長的一端（僅留5cm長），剪出缺口，從①的吸管前端插入，並以透明膠帶固定（Ⓒ）。

❺將絕緣膠帶繞圈貼在衛生紙捲筒芯或牛奶紙盒上，再沿著膠帶裁切出環狀，製作成目標物。

材料

彎吸管／厚紙板／衛生紙捲筒芯／牛奶紙盒

工具

剪刀／透明膠帶／絕緣膠帶

魷魚在烤網上跳舞！

手舞足蹈的烤魷魚

一接觸到下方的熱氣就會有神奇畫面！
玻璃紙做的魷魚會開始扭腰擺臀，跳起滑稽的舞蹈喔！

每隻魷魚的動作
都各有特色，
好好觀察吧！

POINT
只要放到烤網上，就會宛如烤魷魚般，開始不斷扭動、移動。試著觀察魷魚的動態吧！

往上捲起的魷魚.

扭扭

往側邊捲起的魷魚.

扭扭

往斜邊彎曲的魷魚.

扭扭

玩法

這是利用玻璃紙碰到濕氣就會捲起來的特性所發想的遊戲。
將玻璃紙裁剪成魷魚形狀，接著放到接觸熱水蒸氣的「烤網」上，來觀察魷魚的動作吧！將殘留的玻璃紙片也放上去試試看！

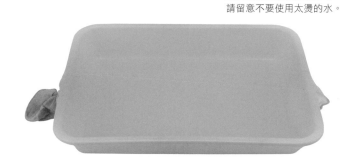

玻璃紙片也會扭扭扭地跳起舞喔！

作法

水只要略微散發熱氣即可。
請留意不要使用太燙的水。

❶將玻璃紙裁剪成魷魚的形狀，用修正液和筆描繪眼睛。
❷裁剪絲襪並套住托盤，套至一半左右時，倒入少許熱水，熱度在會冒出些許熱氣的程度即可。
❸將絲襪整個套住托盤，再把①的魷魚擺到上頭。

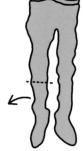

Advice

因為玻璃紙有一定方向的「紙紋」；捲曲的方向會因為紙紋不同而改變。製作魷魚時，不妨從各個方向裁剪同一張玻璃紙，再確認看看捲曲方向的差異吧！

材料

玻璃紙／托盤／絲襪／熱水（能冒出些許熱氣的溫度即可）

工具

剪刀／修正液／筆

12

不動如山的烏龜，突然嚇一大跳！

驚奇烏龜

一動也不動的烏龜，彷彿受到什麼驚嚇般「砰！」一聲跳起來！
突如其來的動作讓大家心跳也跟著漏了一拍！

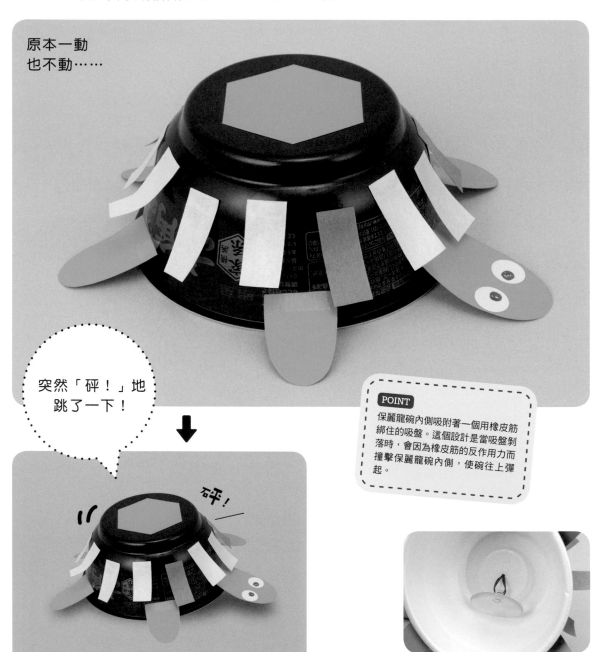

原本一動
也不動……

突然「砰！」地
跳了一下！

砰！

POINT
保麗龍碗內側吸附著一個用橡皮筋
綁住的吸盤。這個設計是當吸盤剝
落時，會因為橡皮筋的反作用力而
撞擊保麗龍碗內側，使碗往上彈
起。

拉出吸盤，吸附在桌上或地板上。

玩法

用手指將安裝於保麗龍碗內側的吸盤夾住，拉出來吸附在平坦的地板或桌面上。維持這樣的狀態靜觀其變……。當吸盤剎落時，就會突然發出「砰！」一聲而彈跳起來。

作法

❶用錐子在保麗龍碗底部中央鑽一個孔。

❷如圖所示，將橡皮筋穿過吸盤上的洞口，綁好後再穿過①的小孔。用牙籤穿過從孔中拉出來的橡皮筋，以透明膠帶固定於碗的底部。

❸用彩色美術紙製作龜殼、臉部、手腳等，用透明膠帶黏貼於容器上。用筆畫上眼珠。

Advice

如果吸盤的吸附力太強，導致烏龜遲遲無法彈跳起來，這時請試著在吸盤內側貼上一小塊透明膠帶吧！這樣可以讓空氣更容易進入吸盤與附著面之間，縮短等待彈跳的時間。

材料

保麗龍碗（紙碗也可以）／吸盤／橡皮筋／牙籤／彩色美術紙

工具

剪刀／錐子／透明膠帶／筆

左搖右晃～將彈珠卡在凹處裡吧！

迷宮平衡盤

這是一款手上遊戲，讓彈珠沿著保麗龍盤上的凹槽卡進凹處。
靠平衡感來一決勝負！

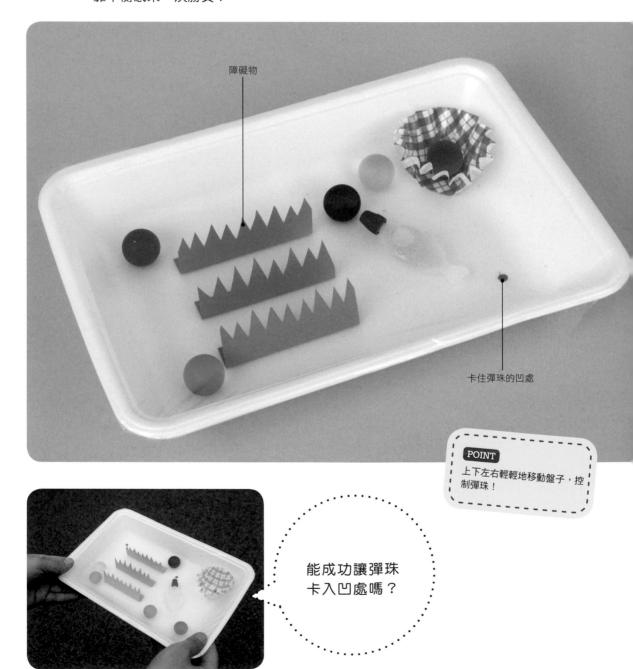

障礙物

卡住彈珠的凹處

POINT
上下左右輕輕地移動盤子，控制彈珠！

能成功讓彈珠
卡入凹處嗎？

玩法

玩的時候要將彈珠卡在設計好的凹處裡。因為凹處又淺又小，所以彈珠會不穩定地到處滾動。能成功讓彈珠卡進所有的凹洞嗎？

作法

❶ 用彈珠在保麗龍盤底部幾處按壓（依彈珠數量壓出凹處），使表面凹陷，並用筆作記號（卡住彈珠的凹處記號）。

❷ 將剪裁成喜歡形狀的彩色美術紙、小醬油瓶、便當用迷你配菜紙杯等，用雙面膠一一貼在保麗龍盤底，當作障礙物；接著放入彈珠，再用保鮮膜將盤子密封起來，用透明膠帶黏貼固定於底部外側。

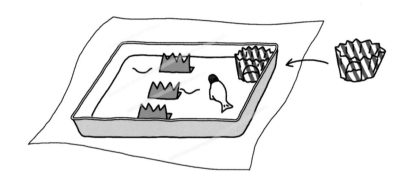

Advice

將保麗龍盤上的凹凸處當作現成的平衡溝槽，就可以馬上開始玩。試著利用事先就有溝槽的物品、或是原本就有間隔的盤子吧！除此之外，也可以嘗試自己製作障礙物！

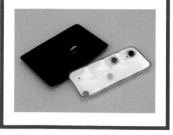

材料

保麗龍盤（高度必須比彈珠直徑還深）／彈珠／彩色美術紙／小醬油瓶／便當用迷你配菜紙杯／保鮮膜

工具

剪刀／透明膠帶／雙面膠／筆

14 吸管迷宮

這款手上遊戲的玩法是讓彈珠在彎吸管黏貼而成的迷宮中滾動。
訣竅在於要不慌不忙、不疾不徐地轉動！

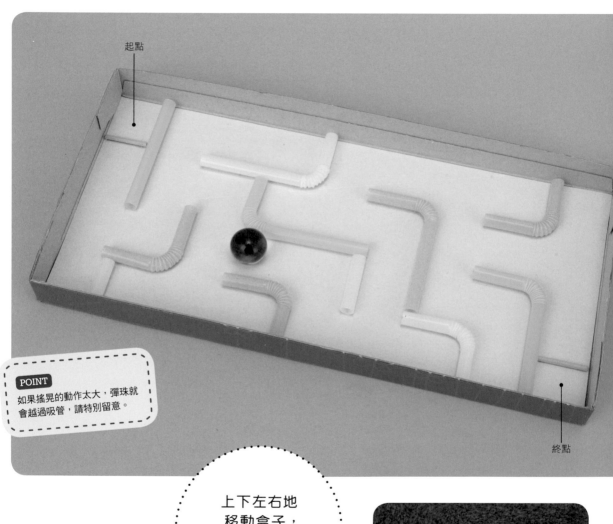

起點

終點

POINT
如果搖晃的動作太大,彈珠就
會越過吸管,請特別留意。

上下左右地
移動盒子,
闖過這道
迷宮吧!

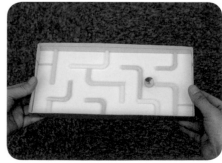

玩法

將彈珠置於起點，上下左右移動盒子來滾動彈珠。通過重重迷宮抵達終點就算過關！可以嘗試看看競速的玩法，一定也很有趣喔！

作法

❶沿著空面紙盒的底部貼上絕緣膠帶，裁剪掉膠帶黏貼住以外的部分。

❷將下方的迷宮路徑圖放大至合適的尺寸並列印出來，裁剪掉外圍，用雙面膠貼在①的盒內底部（也可以自行設計路徑）。

❸剪好彎吸管，用雙面膠貼在路徑上。剪好一段牙籤，用雙面膠固定在起點與終點處。

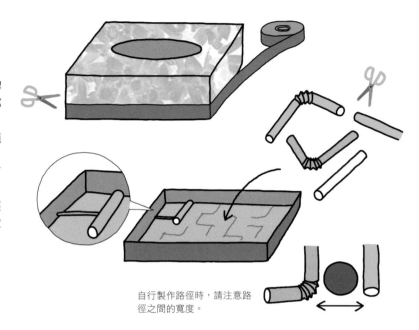

自行製作路徑時，請注意路徑之間的寬度。

■迷宮路徑圖
（請放大至符合紙盒底部的尺寸）

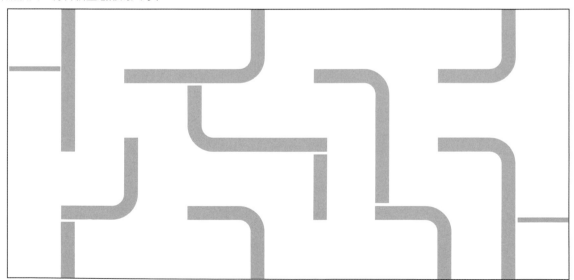

材料
空面紙盒／彎吸管／彈珠／牙籤

工具
剪刀／雙面膠／絕緣膠帶

讓彈珠繞著螺旋轉圈圈！

繞圈螺旋迷宮

這是一款轉動板子、讓彈珠沿著螺旋繩迷宮轉動的遊戲。
請小心翼翼地轉動，別讓彈珠滾出界喔！

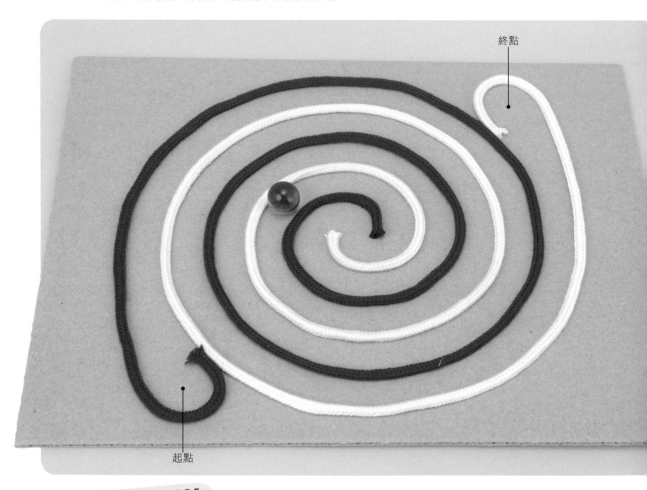

終點

起點

POINT
彈珠滾到中央時，請注意要往
反方向轉動紙板，讓彈珠U字
形迴轉。

在中央
U字形迴轉

玩法

一邊轉動紙板，一邊讓彈珠沿著2條繩子製成的螺旋軌跡滾動。抵達中央後，螺旋軌跡會轉為反方向。滾動時彈珠很容易偏離軌道，所以要小心翼翼地控制紙板喔！

作法

❶用鉛筆從瓦楞紙板的外側往中央，描繪出寬度4～5cm左右的漩渦。
❷畫至中央後，再從中央往反方向、於①的線條之間畫出另一個漩渦。
❸沿著鉛筆描繪好的草稿塗上白膠等工藝用黏著劑，再黏上棉繩。

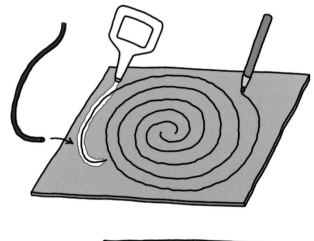

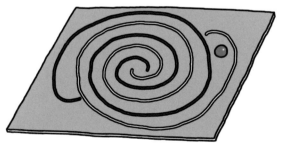

材料

瓦楞紙板（或是平坦的空盒）／棉繩／彈珠

工具

剪刀／工藝用黏著劑（白膠、保麗龍膠等）／鉛筆

「裁剪」素材的訣竅

運用自如地使用剪刀！

製作玩具時，「裁剪」是一道不可缺少的程序。至於裁剪工具，雖然有剪刀和美工刀可用，不過美工刀較難操作，在切割過程中如果不小心手滑，就會十分危險。尤其是與孩子一同製作時，請盡可能使用剪刀來作業吧！本書介紹的作品中，使用的材料大多數都可以使用剪刀裁剪。

那麼，假設我們想在紙的中央開個洞，該怎麼做才好呢？如果要從中心部位直接挖空的話，剪刀刀刃的操作角度就會變得不自然、或是必須使用美工刀才行；然而，如果從紙的邊緣剪出一道缺口直達中央的話，就變得簡單多了。剪好一個圓孔後，將剪出的缺口略微重疊，再用透明膠帶黏合起來就大功告成了！

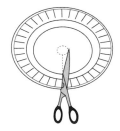 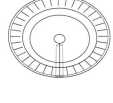

❶剪一道缺口到中央，再剪出圓孔。

❷將缺口處稍微重疊，用透明膠帶黏合。

• • • • • • •

裁切牛奶紙盒或寶特瓶時⋯⋯

處理又硬又難裁切的牛奶紙盒或寶特瓶也有訣竅，那就是：用剪刀從比較柔軟的地方下手。如果是牛奶紙盒，紙重疊的地方會比較硬；而寶特瓶則是瓶口和底部特別硬，因此，請避開這些部位，用剪刀從別處剪出缺口，再逐漸往較難裁切的部位裁剪。只要剪刀的刀刃夠深入，就能毫不費力地裁剪較硬的地方。然而，寶特瓶較硬又較滑，因此裁剪作業請務必交給大人來操作喔！

PART 2

在客廳
盡情玩樂吧！

加入一點巧思，開拓遊戲的無限可能！
充分使用地板或空間，
怡然自得地玩樂吧！

一起來捕捉飄落的水母吧！

水母捕捉樂

用塑膠袋製成輕飄飄的水母，再用報紙製成棍棒捕捉。
飄呀～飄呀～搞不清楚到底會飄落何處!?

玩法

利用報紙製成的棍棒拋落水母、捕獲水母。分成拋落水母、捕捉水母兩個組來玩吧！捕捉時的訣竅在於將棍棒戳入袋子中撈起。因為水母搖來搖去、輕飄飄地飄來飄去，竟出乎意料的很難捕捉！

飄 呀～

飄 呀～

捕捉到啦！

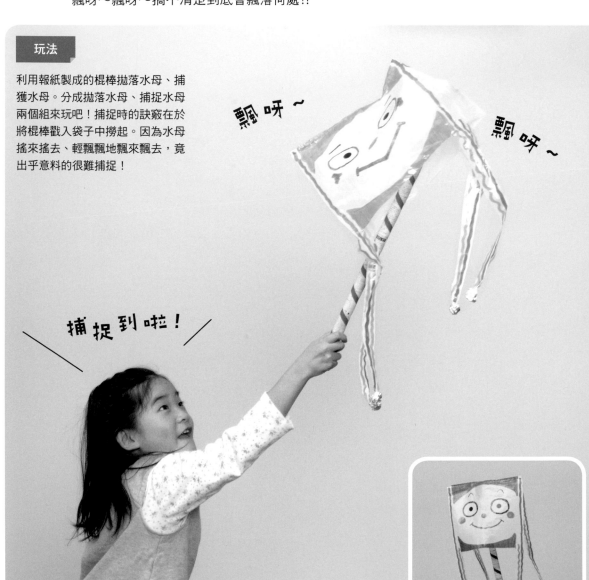

拋落水母的方式
用報紙棍棒將水母往上撐高，使袋內充滿空氣膨脹而浮起來，再將水母拋出。

作法

❶將塑膠袋攤平，依圖所示裁剪（Ⓐ）。
❷將塑膠袋的提把部分剪開，做出4隻觸手的模樣。
❸將鋁箔紙裁剪成5cm的正方形，包覆在②裁剪開的前端，並搓成圓球狀。
❹用油性筆畫上喜歡的圖案就完成了。

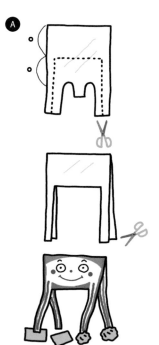

捕捉棒

❶將2張全版報紙捲起後用透明膠帶黏合，共製作2支棍棒。如果有絕緣膠帶的話，也可以用來纏繞裝飾。

材料

塑膠袋（有提把的）／鋁箔紙／報紙

工具

剪刀／透明膠帶／絕緣膠帶（有的話請準備）／油性筆

「呼～」地膨脹鼓起，完美落地！

輕飄飄外星人

皺巴巴的袋子「呼～」地膨脹起來，再四平八穩地著地。
會出現什麼模樣的外星人呢？這也是落地後的另一種樂趣!?

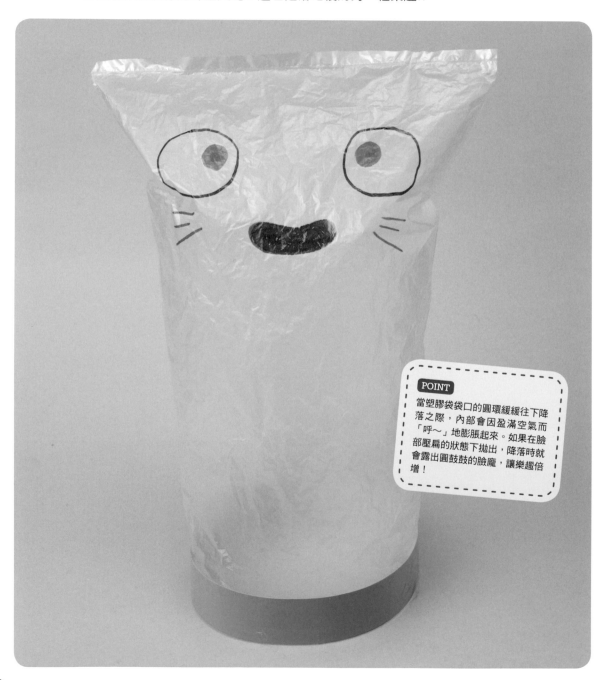

POINT

當塑膠袋袋口的圓環緩緩往下降落之際，內部會因盈滿空氣而「呼～」地膨脹起來。如果在臉部壓扁的狀態下拋出，降落時就會露出圓鼓鼓的臉龐，讓樂趣倍增！

玩法

先將「輕飄飄外星人」稍微擰壓過，再徒手抓著頭部直接往空中輕輕拋出。

Advice

如果袋口圓環重量不夠的話就無法順利著地，因此請選用不會太過輕薄的紙張！若是使用垃圾袋等較大的袋子製作的話，可以將廣告傳單捲起來再壓扁成條狀，製作出重量足夠的圓環，這樣就能做出巨大的「輕飄飄外星人」喔！

作り方

① 將美術紙等較厚的紙類裁剪成2～3cm寬的條狀（必須比塑膠袋袋口直徑長幾cm）。若長度不夠，可以將紙條末端稍微重疊幾cm，再用透明膠帶黏合，連接成長條狀。
② 用透明膠帶，將①沿著塑膠袋袋口內側貼合固定。
③ 用油性筆畫上喜歡的圖案後就完成了。

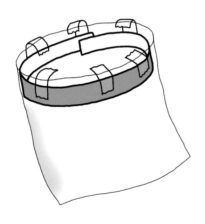

材料

塑膠袋（無提把）／美術紙等較厚的紙類

工具

剪刀／透明膠帶／油性筆

18

利用彈簧彈飛小圓盤！

彈射式撞球

利用晒衣夾的彈簧製作成帥氣的球桿（撞球桿），
用來彈飛小圓盤（球）。

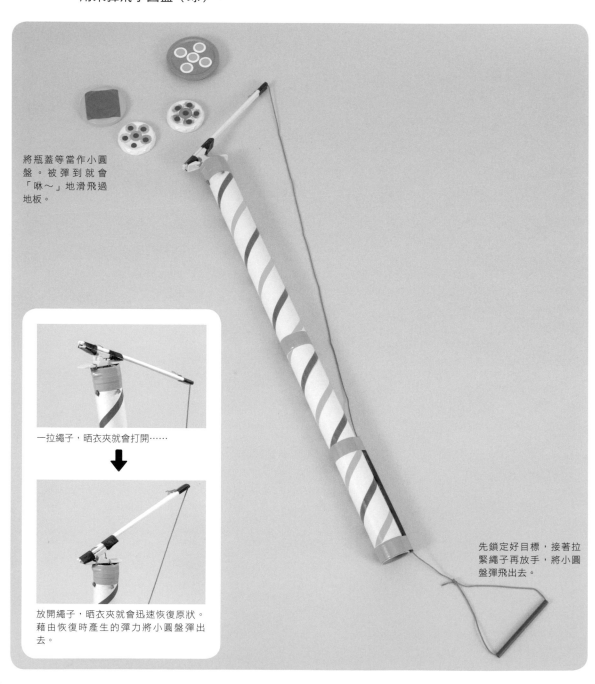

將瓶蓋等當作小圓
盤。被彈到就會
「咻～」地滑飛過
地板。

一拉繩子，晒衣夾就會打開……

放開繩子，晒衣夾就會迅速恢復原狀。
藉由恢復時產生的彈力將小圓盤彈出
去。

先鎖定好目標，接著拉
緊繩子再放手，將小圓
盤彈飛出去。

玩法

將小圓盤（球）放在地板上，用「彈射式撞球桿」來彈打。可以效仿打槌球的方式，瞄準椅子等的中間縫隙射門；或是將牛奶紙盒等立起來，作為目標物來射擊。動動腦試試各式各樣的玩法吧！

作法

❶將2個保鮮膜捲筒芯連接起來，用絕緣膠帶黏合。

❷裁剪2條15cm的繩子，依圖所示穿過晒衣夾的兩處孔洞（Ⓐ）。穿過前方洞孔的繩子請於下方打結。

❸將免洗筷前端有開口的那端撐開，夾住晒衣夾的彈簧（突出的圓弧部分），再依照a、b的順序纏繞絕緣膠帶固定（※b的部分，只固定晒衣夾單側的前端）。裁剪一條80cm的繩子，綁在免洗筷另一端，並用絕緣膠帶纏繞固定（Ⓑ）。

❹將❸的晒衣夾抵著❶的保鮮膜捲筒芯上方，將繩子確實拉緊後，用絕緣膠帶固定。裁剪一小段吸管，用絕緣膠帶固定於捲筒芯下方，將❸的繩子穿過吸管。最後穿過另一根裁剪成10cm左右的吸管後，打結當作把手（Ⓒ）。

❺將圓形貼紙等貼在瓶蓋等上頭裝飾，製作成小圓盤（球）。

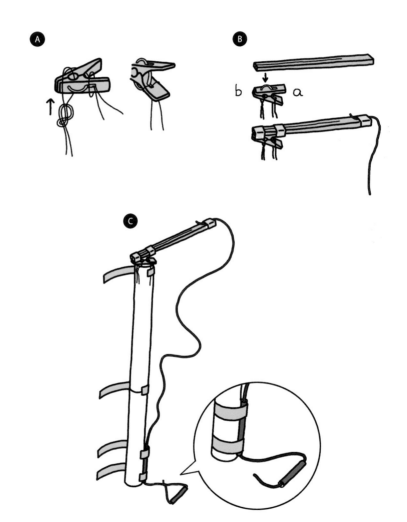

材料

保鮮膜捲筒芯／晒衣夾／繩子／免洗筷／吸管／瓶罐容器等的瓶蓋／圓形貼紙

工具

剪刀／絕緣膠帶

19

可以完美地倒到最後一步嗎？
晒衣夾骨牌

利用2個晒衣夾讓紙盤或報紙排隊立起，就可以玩推骨牌的遊戲！
充分利用房間的空間，挑戰超～長骨牌吧！

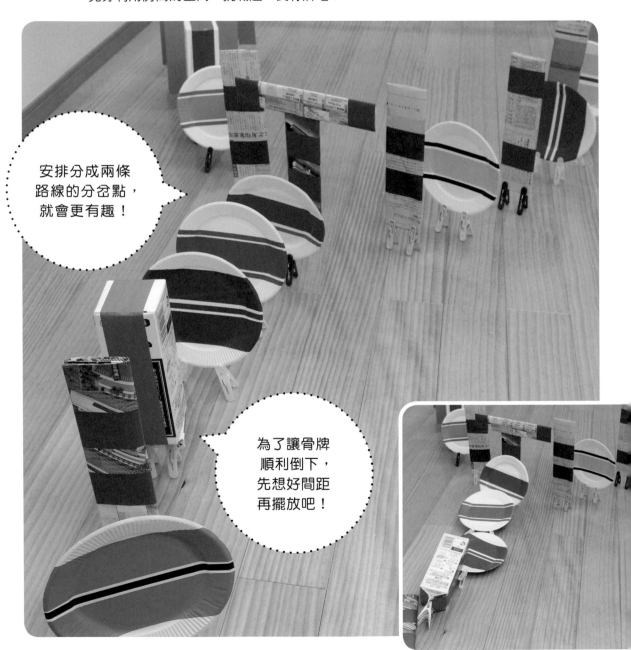

安排分成兩條
路線的分岔點，
就會更有趣！

為了讓骨牌
順利倒下，
先想好間距
再擺放吧！

先推下第一個……骨牌就會一個接一個地倒下去！

玩法

先用晒衣夾夾住牛奶紙盒、紙盤、瓦楞紙板、摺好的報紙或廣告傳單等等，
接著一一排列好後再推倒。

作法

用2個晒衣夾夾住各式各樣的素材，當作骨牌積木。用彩色封箱膠帶或絕緣膠帶等添加裝飾
吧！

牛奶紙盒
用透明膠帶將開口處貼起來，將瓶
身倒立，用晒衣夾夾住。

紙盤
用晒衣夾夾住兩側。

瓦楞紙板
裁剪成適當的大小，再用晒衣夾夾
住。

報紙、廣告傳單
摺疊多次至適當的大小後，用
透明膠帶等黏好，再用晒衣夾
夾住。

分岔點
將摺成細長條狀的報紙疊成T
字形，用透明膠帶等黏好，再
用晒衣夾夾住。

材料

晒衣夾／牛奶紙盒／紙盤／瓦楞紙板／報紙／廣告傳單

工具

透明膠帶／彩色封箱膠帶或絕緣膠帶（有的話請準備）

讓輕飄飄的袋子膨脹後投射出去吧！

歪歪扭扭投射棒

用塑膠傘套製成的棒子很軟，在室內也可以盡情投射玩樂。
「咻～」地筆直飛出去，感覺超暢快！

歪歪扭扭投射棒的
投射目標！

瞄準目標洞口，
「咻～」地
投射出去！

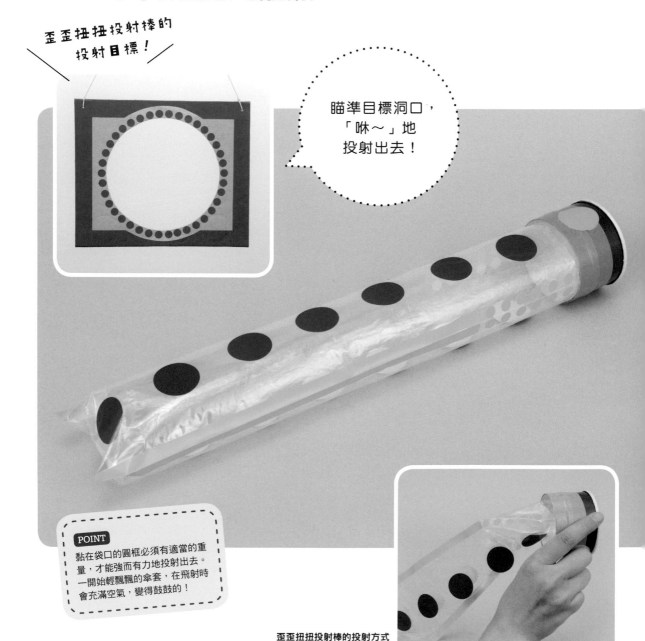

POINT
黏在袋口的圓框必須有適當的重量，才能強而有力地投射出去。一開始輕飄飄的傘套，在飛射時會充滿空氣，變得鼓鼓的！

歪歪扭扭投射棒的投射方式
握住圓框的下方，如同射飛鏢般往前投射出去。

玩法

投射棒很好控制，所以先好好瞄準標靶的洞口再投射出去吧！如果使用中心中空的標靶，也可以像玩傳接球般，站在標靶兩側互相投射。

作法

❶裁剪裝零食（洋芋片等）的紙筒，製作成圓框。
❷將①的圓框套在塑膠傘套的開口部位，再用透明膠帶或絕緣膠帶貼合。可以貼上圓形貼紙或絕緣膠帶增添裝飾。
❸在瓦楞紙板中央裁切出一個洞口，並用絕緣膠帶或圓形貼紙裝飾。用繩子吊掛起來，就可以掛在臥房裡當標靶。

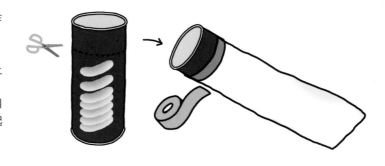

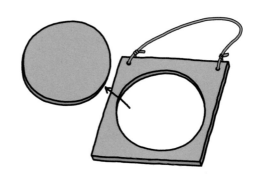

Advice

也可以裁剪幾條10～20cm的包裝用塑膠繩，用透明膠帶黏貼在傘套的末端（沒有開口的一端）。如此一來，當投射棒飛射出去時，塑膠繩就會輕輕飄揚，看起來就像某種神祕生物！

材料

零食紙筒（洋芋片等）／塑膠傘套／瓦楞紙板／繩子／圓形貼紙

工具

剪刀／美工刀／透明膠帶／絕緣膠帶

在地板上滾動奔馳吧！

疾速飆風小蝸牛 &
轟隆轟隆滾滾車

利用彈珠、電池滾動的動力，就能簡單動起來的小玩具。
讓它們在地板上滾動奔馳吧！

疾速飆風小蝸牛

明明是蝸牛
但速度飛快！

裡面的彈珠一滾動，蝸牛就會動
起來。

作法

❶用彩色美術紙製作蝸牛的身體，在身體
上剪出一個直徑與奶精球或果凍等空容器
大小相當的圓孔，再用雙面膠黏合於容器
的開口。

❷利用閃亮膠帶等添加裝飾，用手指將蝸
牛身體往上推彎。將彈珠放入容器後就完
成了。

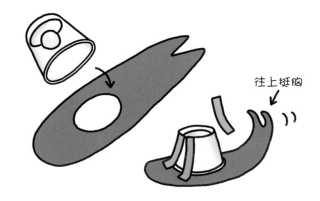

往上挺胸

玩法

將小蝸牛或滾滾車放在地上,往前推使其奔馳。因為內部的彈珠或電池並沒有固定,因此在桌上玩的時候,留意不要讓彈珠或電池掉落了。

㉒ 轟隆轟隆滾滾車

裡頭的電池一滾動,車子就會動起來。

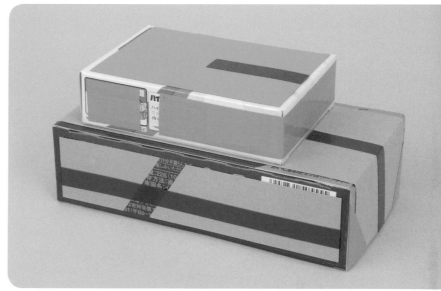

作法

❶ 裁切掉空紙盒的底部。於上方擺放另一個小空紙盒,用雙面膠黏合當作車廂。

❷ 用彩色美術紙或絕緣膠帶添加裝飾。最後將電池放入盒中就完成了。

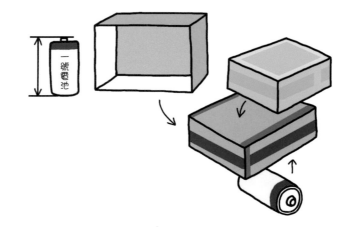

材料

● 疾速飆風小蝸牛
奶精球或果凍盒等容器／彈珠／彩色美術紙／閃亮膠帶等
● 轟隆轟隆滾滾車
零食等的空紙盒(其中一邊寬度必須稍大於一號電池)／
稍微小一點的空紙盒／一號電池／彩色美術紙等

工具

● 疾速飆風小蝸牛
剪刀／雙面膠
● 轟隆轟隆滾滾車
剪刀／美工刀／雙面膠／絕緣膠帶

站起來、倒下，然後又站起來！
斜坡翻跟斗

才剛「啪答！」一聲倒下，又立刻站起來，然後又倒下了！
用奇怪動作滾下斜坡的神奇玩具。

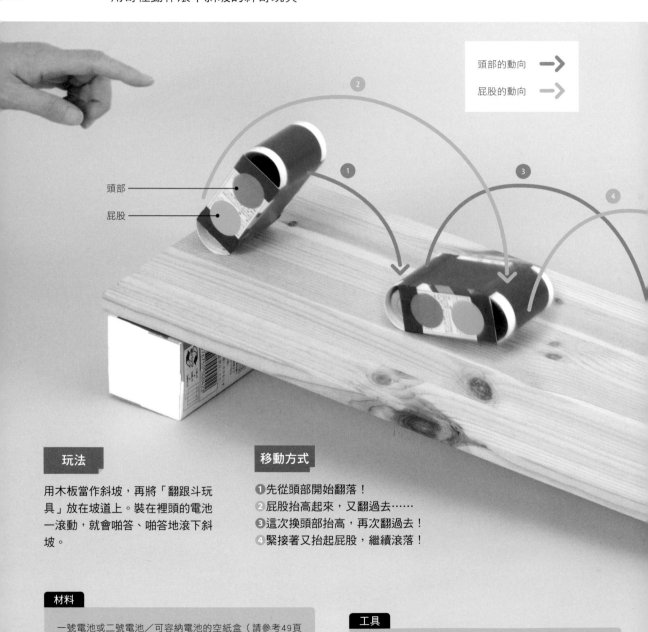

頭部的動向 →
屁股的動向 →

頭部
屁股

玩法

用木板當作斜坡，再將「翻跟斗玩具」放在坡道上。裝在裡頭的電池一滾動，就會啪答、啪答地滾下斜坡。

移動方式

① 先從頭部開始翻落！
② 屁股抬高起來，又翻過去……
③ 這次換頭部抬高，再次翻過去！
④ 緊接著又抬起屁股，繼續滾落！

材料

一號電池或二號電池／可容納電池的空紙盒（請參考49頁上方照片）／衛生紙捲筒芯／貼紙等／木板（如果沒有的話可以用瓦楞紙板製作）／牛奶紙盒等空的容器

工具

剪刀／彩色封箱膠帶

若是使用一號電池，則選用寬度約6.5cm、厚度（空盒高度）約4cm的盒子最適合。

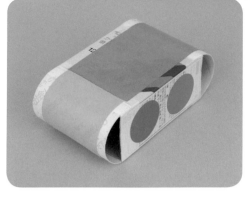

讓兩台來競速吧！

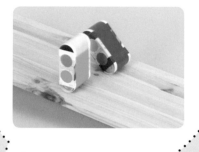

作法

❶裁掉空紙盒上下的蓋子，僅使用側面。
❷將衛生紙捲筒芯縱向裁切成一半，再將長度裁剪成與①的盒子同寬。
❸將電池放入①中，再依圖所示以彩色封箱膠帶將②固定，最後以貼紙等添加裝飾。

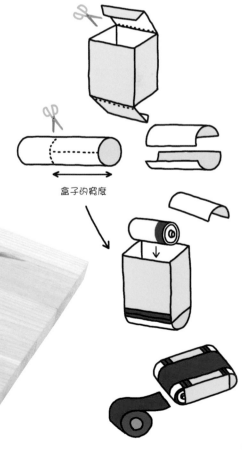

盒子的寬度

斜坡滾滾君

24

如表演雜技般地滾下去！

長得有點好笑的小玩偶，用雜技般的動作滾呀滾呀滾下斜坡。
手腳的動作也是注目焦點！

唉唷唉唷～
屁屁都被
看光啦！

滾～滾～

POINT

「斜坡滾滾君」翻滾時的力道相當強，因此製作一個不易滑動的斜坡是關鍵。用雙面膠將不織布貼在大片瓦楞紙板上，製作專用斜坡！接著只要疊起牛奶紙盒等，再將斜坡擺上去使之傾斜即可。

玩法

將「斜坡滾滾君」放在斜坡上，用手指一推就會開始滾動。滾呀～滾呀～用搞笑的動作翻著跟斗一路滾下去。

50

材料

扭蛋殼（上部的殼）／不織布／彈珠

工具

剪刀／透明膠帶／雙面膠

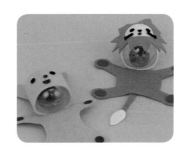

滾～滾～

喔喔～
還能倒立呢！

作法

❶組合2個扭蛋殼的上部，將彈珠放入，
用透明膠帶黏合。
❷用不織布將①捲起來，用雙面膠貼合。
另外裁剪不織布製作身體與臉龐，用雙面
膠固定於其上。

上上下下砰砰砰，充滿碰撞的樂趣！

砰砰氣球

用兩顆氣球製作出巨大的響炮。只要上下移動免洗筷，
氣球就會上上下下，砰砰砰地激烈碰撞。

可以順利讓
氣球上上下下、
砰砰砰地撞擊嗎？

POINT
訣竅是手必須有節
奏感地晃動。

在下方碰撞……

在上方碰撞。

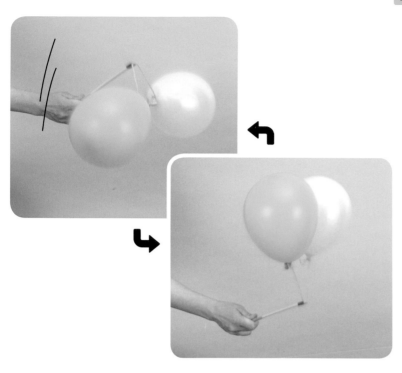

玩法

手持免洗筷上下移動，使兩顆氣球互相碰撞。在充滿節奏感的碰撞中，逐漸加快速度，讓氣球在上方、下方相互撞擊，發出砰、砰、砰的聲音吧！

作法

❶吹好2顆直徑約15cm的氣球，將吹口打結後，分別綁在長約40cm的繩子兩端。

❷如圖所示，用透明膠帶將①的繩子中心點黏在免洗筷上方，再用絕緣膠帶纏繞加強固定。

❸於握把處纏繞絕緣膠帶。

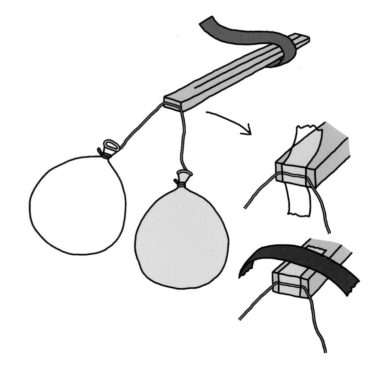

材料

氣球／繩子／免洗筷

工具

剪刀／透明膠帶／絕緣膠帶

快來拍打玩玩看，好像在玩溜溜球！

溜溜球外星人

感覺就像在玩溜溜球，「砰、砰」地拍打這個長了飄飄觸角、
神奇的氣球外星人！這個遊戲意外地難喔！

悠悠哉哉

飄來飄去

POINT
氣球輕飄飄的，所以如果想要如
溜溜球那般筆直地拋出去，拍打
的角度或韻律感就很重要。只要
強而有力地筆直拍打，輕飄飄的
觸角就會漂亮地飄起來。

玩法

將鬆緊帶做出的圓環套進手指，仿效玩溜溜球的要領拍打氣球。訣竅是將五指併攏，用指腹拍打。此外，也可以取下鬆緊帶，用打排球般互打的方法也很好玩！

作法

❶將氣球吹鼓後把吹嘴打結，用油性筆描繪臉部。裁剪幾條20～25cm的包裝用塑膠繩（撕開或攤平），用透明膠帶黏貼在氣球上。

❷將約30cm的鬆緊帶在氣球的吹嘴處打結，另一端則繞一個能讓手指穿過的圓環再打結。

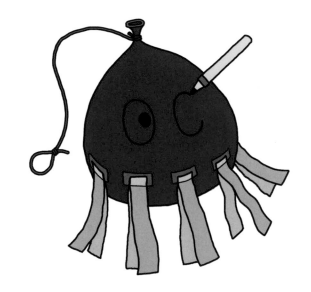

材料

氣球／包裝用塑膠繩／鬆緊帶

工具

剪刀／透明膠帶／油性筆

即使在遠處也能聊天！

喂？喂？你好！
愛聊天傳聲管

透過軟管傳遞聲音，連悄悄話都能傳到對方耳裡的電話遊戲。
即使所處位置看不見對方，聲音仍能聽得一清二楚！

> 即使彎曲了，
> 聲音仍可以
> 完整傳達出去！

可以～可以～
聽得到喔！

玩法

這款軟管電話有別於棉線電話，用軟管連接的話，即使彎曲管線、待在看不到的地方，聲音還是傳得到，這就是軟管電話的箇中趣味。在臥房的上舖與下舖、臥室內與走廊上等等，嘗試在看不到對方的地方對話看看吧！

哈囉～
聽得到嗎？

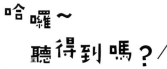

Advice

使用軟管的接頭零件「三通管」，朝三個方向連接軟管，即可進行三方通話。軟管在百元商店等就能買到。三通管則可以在雜貨五金商店購買（約150～300日圓）。

作法

❶在紙杯的底部裁切一個與軟管直徑大小相同的圓孔（2個紙杯都要）。

❷用絕緣膠帶纏繞軟管的一端，增加軟管粗度（Ⓐ）。

❸將②的軟管另一端，從紙杯內側穿過圓孔（Ⓑ）。

❹當纏繞了絕緣膠帶的一端卡在紙杯的洞外後，穿過洞口這端的軟管也用絕緣膠帶纏繞（呈現膠帶纏住的兩端夾住杯底的狀態）（Ⓒ）。

❺將④的軟管另一端從另一個紙杯的底部穿過，仿效④的要領，於軟管一端纏繞絕緣膠帶（Ⓓ）。

❻拉扯軟管，讓⑤纏繞了絕緣膠帶的一端抵住紙杯內側，再用與④同樣的要領，在穿出杯底的軟管上纏繞絕緣膠帶（Ⓔ）。

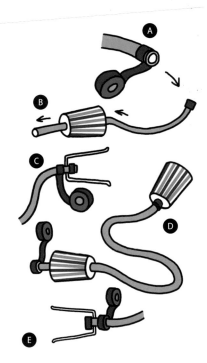

材料

水龍頭用的軟管／大型紙杯

工具

剪刀／美工刀／絕緣膠帶

這是利用海綿或毛巾等柔軟材料製成的聲音遊戲玩具。
因為還包含了小朋友最愛的「拉拉樂」元素，樂趣加倍！

會發出聲音！
超有趣！

往上拉一拉，
好好玩！

POINT

使用海綿或是捲起來的毛巾球，就連小手也能輕易掌握。雖然是柔軟的素材，不過鬆緊帶拉緊後回彈的力量，會大力地敲打瓦楞紙箱，產生共鳴，發出悅耳的聲音。

玩法

請拉一拉箱子上的海綿或毛巾。拉起後再放手,就會發出「砰!」的悅耳聲響,這一瞬間會讓孩子興奮不已。不斷重複拉扯、發出聲響玩樂吧!

Advice

放得下2公升寶特瓶的瓦楞紙箱不但牢固,寬度、高度都適中,拿來當鼓箱剛剛好。玩遊戲的過程中,如果箱子移動或鬆緊帶鬆脱了,會相當危險,因此請牢牢固定繩子,以確保不會鬆脱喔!（作法請參考下方②）!箱內則是放入重物（裝了水的寶特瓶）來固定。

作法

❶將彩色美術紙或絕緣膠帶、布膠帶貼在瓦楞紙箱上裝飾,並用錐子等工具在表面及底部戳洞。

❷在鬆緊帶前端綁上牙籤,另一端則從紙箱底部的小孔往外穿過表面的小孔,拉扯使之延伸,綁住捲好的海綿或毛巾並打結。其他部分也請依相同方式製作。至於底部的牙籤,請用布膠帶覆蓋並貼在紙箱底部。

❸將裝了水的寶特瓶放入箱中,使紙箱重量增加。

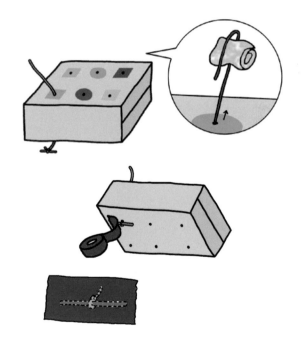

材料

彩色美術紙／瓦楞紙箱（可放6瓶2公升裝寶特瓶的大小最佳）／鬆緊帶／牙籤／毛巾／海綿／寶特瓶

工具

剪刀／錐子／絕緣膠帶／布膠帶

載好貨物，發動囉！

工作車（大卡車與推土機）

裝載能用手移動的「載貨台」（大卡車）和「推土板」（推土機）。
可以來玩裝貨、卸貨的遊戲！

29 大卡車

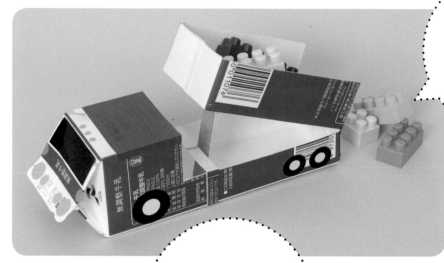

用手移動載貨台，
卸下貨物吧！

用手移動
推土板，
鏟起貨物吧！

30 推土機

POINT

如果想固定載貨台或推
土板，可用牛奶紙盒的
紙片等當作支撐桿。用
雙面膠將紙片的一端黏
貼於載貨台或推土板的
下方，另一端則黏於紙
盒底部支撐。

玩法

可以用樂高積木等當作貨物，裝載到大卡車的載貨台或推土車的推土板上，
再用手移動玩樂。

作法

大卡車

❶用釘書機將牛奶紙盒的開口釘起
來，貼上圓形貼紙或絕緣膠帶蓋住
釘書針，接著依圖示裁剪紙盒。

❷將①剪下的部分（ⓐ）依圖所示
黏貼，當作載貨台的固定桿。將另
一個剪下的部位（ⓑ）翻轉後擺上
去，後方連接處用彩色封箱膠帶黏
合。

❸貼上圓形貼紙等，做出車輪或裝
飾圖案。

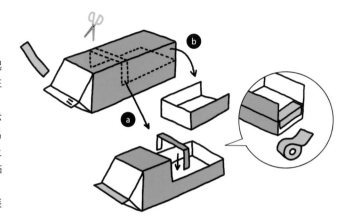

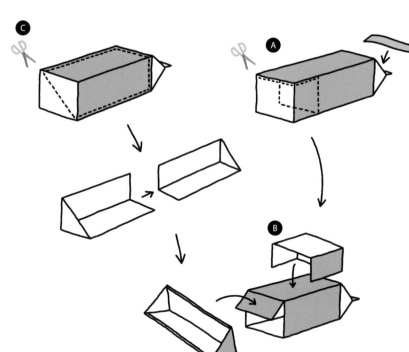

推土機

❶用釘書機將牛奶紙盒的開口釘起
來，貼上圓形貼紙或絕緣膠帶蓋住
釘書針。

❷依圖所示裁剪紙盒（Ⓐ），將剪
下的部分擺到上方，用彩色封箱膠
帶黏合（Ⓑ）。

❸依圖所示裁剪另一個牛奶紙盒
後，重疊在一起（Ⓒ），用雙面膠
貼合當作推土板，再黏貼於②的車
體上。

❹貼上圓形貼紙等，做出車輪或裝
飾圖案。

材料

容量1公升的牛奶紙盒（大卡車1個、推土機2個）／圓形貼
紙等

工具

剪刀／雙面膠／絕緣膠帶／彩色封箱膠帶／釘書機

一個個連接成一串,開始奔馳吧!

磁鐵連結電車

利用磁鐵連結車廂的牛奶紙盒電車。
只要大量製作中間的車廂,就可以連結成超~長電車!

喀嚓~叩咚~

磁鐵

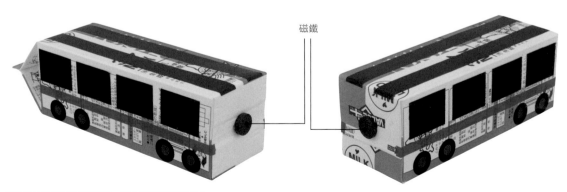

利用黏在車廂前後的磁鐵,將車廂串連起來玩!

材料

容量1公升的牛奶紙盒╱磁鐵╱圓形貼紙等

工具

剪刀╱雙面膠╱絕緣膠帶╱釘書機

玩法

將牛奶紙盒製成的車廂連結起來就可以玩了！因為只靠磁鐵一個點連接，所以轉彎時會搖搖晃晃，就好像真的電車一樣！

Advice

磁鐵兩面分別為正極與負極（相吸與相斥）。為了能順利連接，黏貼磁鐵時請留意方向。確認是否能相吸後再黏貼吧！

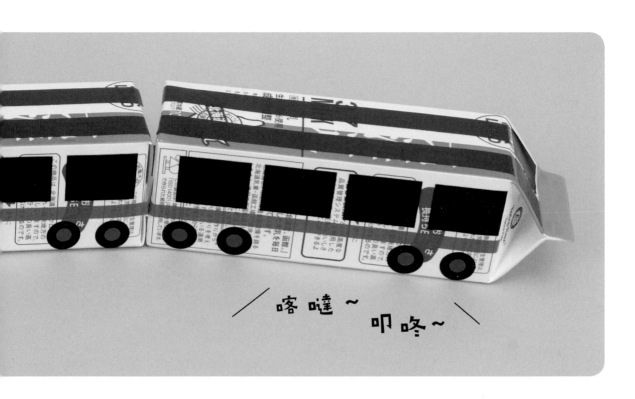

喀噠~ 叩咚~

作法

車頭、車尾的車廂（Ⓐ）

①用釘書機將牛奶紙盒的開口釘起來，貼上圓形貼紙或絕緣膠帶蓋住釘書針。用雙面膠將磁鐵黏貼於盒底的正中央處。
②貼上圓形貼紙等裝飾就完成了。

中間車廂（Ⓑ）

①將牛奶紙盒的開口處撕開立起，從4個直角處各剪一道深至摺痕處的缺口（剪至原本斜面與垂直面的交界處），將四面往內側摺疊，用雙面膠黏合封口。
②用雙面膠將磁鐵黏貼在①摺好的那面及盒底中央。
③貼上圓形貼紙等裝飾就完成了。

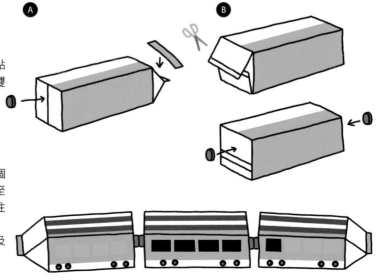

32

靠橡皮筋彈力滾來滾去到處跑！

滾來滾去小汽車

這是一台安裝了彈力球的迷你汽車。
扭轉橡皮筋，馬上發動前進！搖搖晃晃、轟隆轟隆地開始奔馳。

POINT

這台車的構造，是藉著橡皮筋扭轉後又恢復的力量，使輪胎（彈力球）轉動，以碰撞地板的作用力跑起來。用手指將彈力球不斷往同一個方向轉，藉此扭轉橡皮筋！將車子放到地板之前，請留意不要讓橡皮筋回彈了。

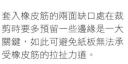

彈力球從地板反彈
就能跑起來！

套入橡皮筋的兩面缺口處在裁剪時要多預留一些邊緣是一大關鍵，如此可避免紙板無法承受橡皮筋的拉扯力道。

玩法

先旋轉彈力球來扭轉橡皮筋後,再放到在地板上使小車開始奔跑。

作法

❶依圖所示裁切盒子(Ⓐ),將裁出的兩片往內側凹摺,用雙面膠黏合加強紙板硬度(Ⓑ)。

❷於①的側邊紙板中央剪兩道1cm的缺口,間隔1cm。另一面的作法相同。

❸將橡皮筋套上彈力球,用透明膠帶固定(Ⓒ)。

❹將橡皮筋的兩端套入②裁出的缺口中(Ⓓ)。

❺裁切另一個空盒,用雙面膠黏貼於②的上方當作車廂。貼上彩色美術紙或圓形貼紙等添加裝飾(Ⓔ)。

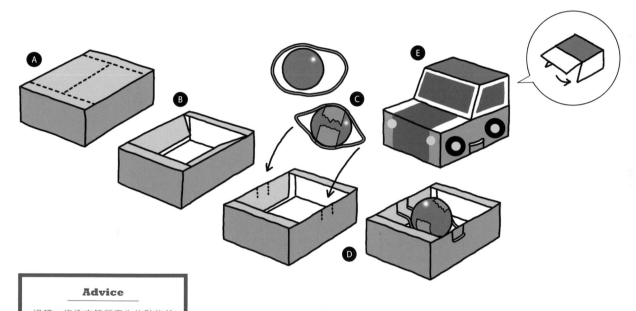

Advice

扭轉一條橡皮筋所產生的動能並不大。如果盒子太大,會使前進動作緩慢,因此製作的訣竅是盡可能選用又輕又堅固的盒子。

材料

零食等的小空盒/橡皮筋/彈力球(尺寸需小於箱子高度)/彩色美術紙/圓形貼紙

工具

剪刀/美工刀/透明膠帶/雙面膠

33

在家裡做個釣魚池吧！

室內釣魚樂

這是孩子最愛的釣魚玩具！裝了磁鐵的釣竿可以釣到不少魚或章魚呢！
連魚池都手工製作的話就更好玩了！

釣到啦！

超有
成就感呢！

在紙張做成的魚嘴巴別上迴紋
針。從嘴巴的部位釣起魚來，
有模有樣呢！

用鐵罐製作的章魚或魚類有一定
重量，釣起來成就感十足！

玩法

鐵罐製成的魚或章魚、夾了迴紋針的魚，都可以用裝了磁鐵的釣竿釣起來！用大型紙張等製作出魚池區，可以增加遊戲的趣味性，玩起來更起勁！

作法

❶從角落斜斜地將大張廣告傳單捲成細細且有硬度的棒子，用透明膠帶黏貼固定（Ⓐ）。

❷將①的棒子其中一端往內摺10cm左右，綁上繩子並用絕緣膠帶纏繞固定（當作握把）。棒子另一端也往內摺5cm左右，預留繩子能穿過的空隙，纏繞絕緣膠帶固定。

❸將②的繩子穿過棒子前端縫隙並打結，接著在繩子末端綁上磁鐵（或用膠帶固定）（Ⓑ）。

❹將彩色美術紙裁剪成魚的形狀，再用畫筆等描繪細節，將迴紋針夾在魚嘴處（Ⓒ）。

❺用彩色美術紙或圓形貼紙製作章魚的腳、眼睛和嘴巴，用雙面膠黏貼在鐵罐上（Ⓓ）

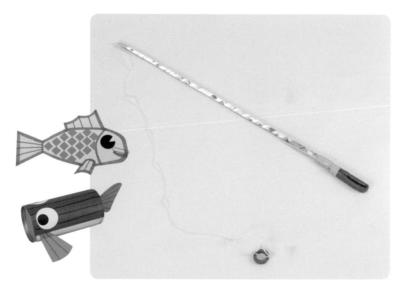

釣竿

魚、章魚

材料

廣告傳單／繩子／磁鐵／彩色美術紙／圓形貼紙／迴紋針／鐵罐

工具

剪刀／透明膠帶／絕緣膠帶／雙面膠／筆

烹飪變得令人躍躍欲試！

扮家家酒之廚房系列

維妙維肖的扮家家酒道具，讓扮家家酒遊戲更歡樂。
有了瓦斯爐和水槽，烹飪起來會更興致勃勃呢！

轉～

POINT
放在瓦斯爐上的時尚塔吉鍋，可利用便利商店的麵食容器製作。

瓦斯爐
的開關
可以轉動！

34 水槽　　　**35 瓦斯爐**

也有排水口。

一打開烤箱門……

啪！

烤魚網
現身啦！

玩法

將便利商店的麵食容器等拿來當作鍋具，可以在瓦斯爐上燉煮東西、也可以
在水槽洗碗盤。好好享受超擬真的廚房遊戲吧！

作法

水槽

❶將瓦楞紙箱的上蓋剪掉，用雙面膠將彩色美術紙貼在
箱子內側。

❷依圖所示將零食紙盒連接起來，並用彩色封箱膠帶黏
合。

❸使用雙面膠，將幾條裁剪成細長條狀的塑膠袋黏貼在
寶特瓶蓋的內側，接著將瓶蓋上方黏貼於②上，最後整
個黏貼固定於①的側面。

❹將彩色美術紙裁剪成圓形並剪出缺口，黏貼在容器的
扁平圓蓋（如罐頭等）上，再黏貼於①的內側底部，當
作排水口。

❺用彩色美術紙或彩色封箱膠帶等添加裝飾。

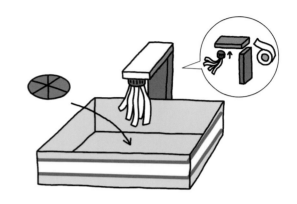

瓦斯爐

❶將瓦楞紙箱的箱蓋闔上，用雙面膠貼上彩色美術紙，
接著將泡麵碗倒扣貼合其上，用透明膠帶黏合（如果容
器較深，可裁剪開口處調整高度）。

❷在箱子前方側面挖出一個四方形蓋子，用錐子在蓋子
上鑽兩個小孔，將繩子穿入孔內並於內側打結，當作拉
環（❹）。

❸於箱子前方側面裁出兩個稍微小於布丁杯口的圓洞，
從內側將布丁杯塞入圓洞（開關鈕），用紙張覆蓋杯
口，再用透明膠帶於箱子內側固定（預防開關鈕脫落／
❸）。

❹依圖示裁剪牛奶紙盒，用畫筆描繪出網條狀，再放入
②中（烤箱／❸）。利用彩色美術紙、絕緣膠帶、圓形
貼紙來裝飾整體外觀。

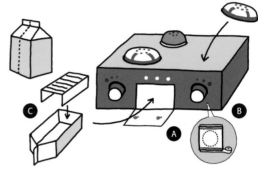

塔吉鍋

依圖所示裁剪彩色美術紙❹、❺，分別捲成圓錐狀並用透明膠帶
黏合。依圖所示，將❺套入❹，用雙面膠黏合，並將凸出來的部
分裁剪掉後，套入麵食的杯蓋容器中。

材料

●水槽
瓦楞紙箱／彩色美術紙／零食紙盒／寶特瓶蓋／白色塑膠袋
／空容器的扁平圓蓋（罐頭、八寶粥等）
●瓦斯爐
瓦楞紙箱／泡麵碗／繩子／布丁杯2個／牛奶紙盒1個／彩
色美術紙／圓形貼紙／絕緣膠帶（裝飾用）

工具

●水槽／瓦斯爐
剪刀／美工刀／錐子／透明膠帶／雙面膠／彩色封箱膠帶／
筆

玩商店老闆遊戲時也可以派上用場！

扮家家酒之料理系列

在此介紹扮家家酒遊戲中不可或缺的美味料理！
在素材的質感及容器上下點功夫，讓成品更栩栩如生！

玩法

白色長條紙帶質感滑順，做成烏龍麵很逼真；而柔軟輕盈的橘色毛線跟沾滿番茄醬的義大利麵簡直一模一樣！玩的時候也將素材的質感等等列入考量，一邊回想食物原本的模樣、一邊堆疊盛盤吧！除了此處列出的示範作品外，還可以試著準備其他各式各樣的素材，自由發揮創意點子製作出豐盛佳餚吧！

Advice

便利商店販賣的便當之容器，花點工夫作成與一般使用的杯碗等容器相近的顏色或形狀，因為很像一般的碗盤，所以是最適合扮家家酒的材料。義大利麵的容器、湯麵的容器、配菜的容器等等，請在扮家家酒的時候多多重複利用！

用長條紙帶製作
炸蝦烏龍麵

作法

❶將白色長條紙帶裁剪成一半的寬度，再剪成數條適當的長度（烏龍麵）。
❷將面紙揉成細長狀並整圓（蝦子），一邊扭轉黃色長條紙帶一邊纏繞住面紙，最後用透明膠帶固定（油炸麵衣）。尾端貼上一小段粉紅色長條紙帶（炸蝦）。
❸將綠色美術紙裁剪成細條狀（蔥絲）。
❹用雙面膠將色紙黏貼於碗上（湯汁），再將①、②、③依序盛盤。

材料

長條紙帶（白色、黃色、粉紅色）／面紙／彩色美術紙（綠色）／色紙（淺褐色）／泡麵碗

工具

剪刀／透明膠帶／雙面膠

37 用毛線製作

番茄義大利麵

作法

❶將橘色毛線剪成適當的長度，當作義大利麵。
❷裁剪彩色美術紙，製作高麗菜和維也納香腸。
❸將①、②混合後盛入容器中。

材料

毛線（橘色）／彩色美術紙（綠色、粉紅色）／麵類用的淺盤容器

工具

剪刀

用紙盤製作

煎餃

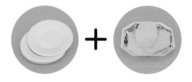

作法

❶將紙盤對摺，中間包入搓成圓球的面紙團，用雙面膠黏合（餃子）。用蠟筆繪製出煎過的焦色就完成了。
❷裁剪綠色美術紙（萵苣）鋪在盤子上，將①擺盤。

材料

小紙盤／面紙／彩色美術紙（綠色）／裝熟食的盤子

工具

剪刀／雙面膠／蠟筆

用絕緣膠帶製作

法式聖代

作法

將裁剪成5～6cm的絕緣膠帶放在手心輕輕搓圓，放入容器，從底部開始往上堆疊。橘色的是玉米脆片、咖啡色的是巧克力鮮奶油、白色的則是打發鮮奶油、透明膠帶是透明的寒天……類似這樣，依個人喜好想像組合。

材料

絕緣膠帶（橘色、咖啡色、白色等）／透明膠帶／透明杯子

工具

剪刀

令人食指大動的道地菜單！
著色膠料理教室

使用水彩與白膠混合而成的著色膠來作菜吧！
因為作法和實際作菜的步驟幾乎一模一樣，孩子也能玩得心滿意足！

40 披薩

披薩醬料

＋

各種起司絲

41 章魚燒

醬汁

＋

柴魚片　　海苔　　紅薑

玩法

將充當披薩醬料或章魚燒醬汁的著色膠，塗在基底食材（披薩皮、章魚燒）上，再撒上長條紙帶或彩色美術紙製成的配料，即可完成料理。醬汁一乾就會凝固，因此也可以享受裝飾的樂趣。

作法

著色膠的作法

將水彩和白膠倒入紙杯中，加水攪拌，調製至方便使用水彩筆塗開的濃度。

材料

水彩／白膠／水

工具

紙杯（調製水彩的容器）／水彩筆

披薩

❶將瓦楞紙板剪成圓形，再裁剪成六等分（披薩餅皮）。

❷將黃色長條紙帶或淺咖啡色色紙撕成碎片或撕成小條，當作起司。裁剪色紙或彩色美術紙做成臘腸、青椒。

❸將紅色著色膠塗抹在①上，趁還未乾燥時，一一擺上②的配料食材。

章魚燒

❶依 Ⓐ 所示裁剪彩色美術紙，再將兩側往中央靠攏，用釘書機固定。

❷用淺咖啡色等色紙將搓圓的報紙包起來，用膠水黏好當作章魚燒。

❸將綠色美術紙撕碎當作海苔，並將淺咖啡色色紙撕成小條狀當作柴魚片，再將紅色美術紙剪成細絲狀當作紅薑。

❹將咖啡色著色膠塗抹在②上，趁還未乾燥時，一一撒上③的配料食材。

材料

●披薩
著色膠（紅色）／瓦楞紙板／長條紙帶／色紙／彩色美術紙等
●章魚燒
著色膠（咖啡色）／彩色美術紙／報紙／色紙

工具

●披薩
剪刀／美工刀／水彩筆／筆
●章魚燒
剪刀／膠水／釘書機／水彩筆

1種作法就可以享受4種遊戲！

轉轉紙杯

利用橡皮筋的彈力，簡單設計出幾款小玩具。
活用這種「旋轉」的構造，就能做出車子或玩偶。在此介紹4種玩法！

玩法

轉動吸管繞個幾圈，讓紙杯（或是吸管）旋轉就可以玩了。製作好後，先放在地板或桌上試跑看看！之後再加工做成直升機、旋轉玩偶或是旋轉木馬。請製作成自己喜愛的玩具！

42 旋轉車

作法請見76頁

紙杯會畫出大大的圓弧，旋轉起來！

POINT
固定紙杯的話，吸管就會轉動；如果固定吸管，就會變成紙杯旋轉。如果將紙杯平躺放置的話，吸管就會抵著地板而無法轉動，如此一來，紙杯自然就會旋轉而奔馳起來了。

43 頭頂直升機

放到頭上看看！

44 旋轉玩偶

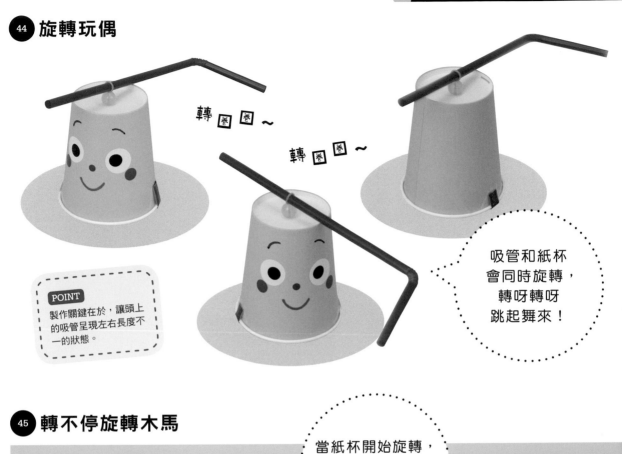

轉圈圈～

轉圈圈～

POINT
製作關鍵在於，讓頭上
的吸管呈現左右長度不
一的狀態。

吸管和紙杯
會同時旋轉，
轉呀轉呀
跳起舞來！

45 轉不停旋轉木馬

當紙杯開始旋轉，
下方的裝飾
也會漂亮地
伸展開來！

作法

旋轉車

❶用錐子（或圖釘）於紙杯底部鑽洞。

❷將裁剪成約20cm的線穿過橡皮筋，再將線兩端一起穿過珠子的小孔。

❸輕拉②的線，讓部分橡皮筋通過串珠的小孔，預留約1cm左右，將吸管穿過預留的橡皮筋後，將串珠向吸管方向緊靠（Ⓐ）。

❹進一步將②的線穿過紙杯底部的洞，往下拉扯使橡皮筋穿過洞後，將線取下（Ⓑ）。

❺將另一支吸管穿過④的橡皮筋，裁剪吸管，僅留超出杯口2cm左右的長度，接著將超出的部分折彎，用透明膠帶黏合於紙杯兩側（Ⓒ）。

❻挪動套在③的吸管上的橡皮筋，調整至距離吸管末端約5cm的位置。

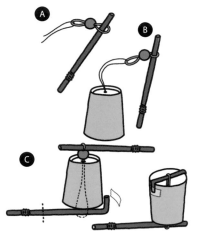

材料

紙杯／橡皮筋／直徑1cm左右的珠子／彎吸管／線

工具

剪刀／錐子（或圖釘）／透明膠帶

頭頂直升機

❶依照上方旋轉車的要領製作。

❷將紙杯底部吸管的折彎處裁剪掉，橡皮筋挪到正中央。將彩色美術紙裁剪成螺旋槳的形狀後，用透明膠帶黏貼於吸管兩端。

＋材料

彩色美術紙

旋轉玩偶

❶依照上方旋轉車的要領製作。

❷用圓形貼紙或筆描繪臉部的表情。

＋材料

圓形貼紙

＋工具

筆

轉不停旋轉木馬

❶依照上方旋轉車的要領製作。

❷裁剪數條15cm左右的毛線，各穿入1顆珠子並打結，用透明膠帶將另一端黏貼於①的紙杯內側。

＋材料

毛線／珠子

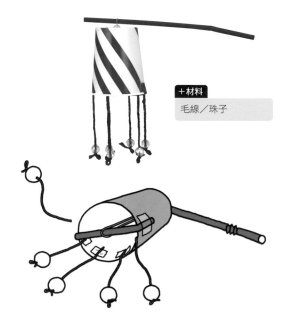

PART 3

在浴室內
玩水上玩具！

這個單元將介紹各種水上玩具，
讓洗澡時間變得令人迫不及待。
也能增加親子間的親密接觸，誠摯推薦！

從四面八方噴出強勁水柱！

46 寶特瓶蓮蓬頭

這是一款水從寶特瓶內噴射而出的手提式蓮蓬頭。
打開瓶蓋水勢就會增強，超有趣！

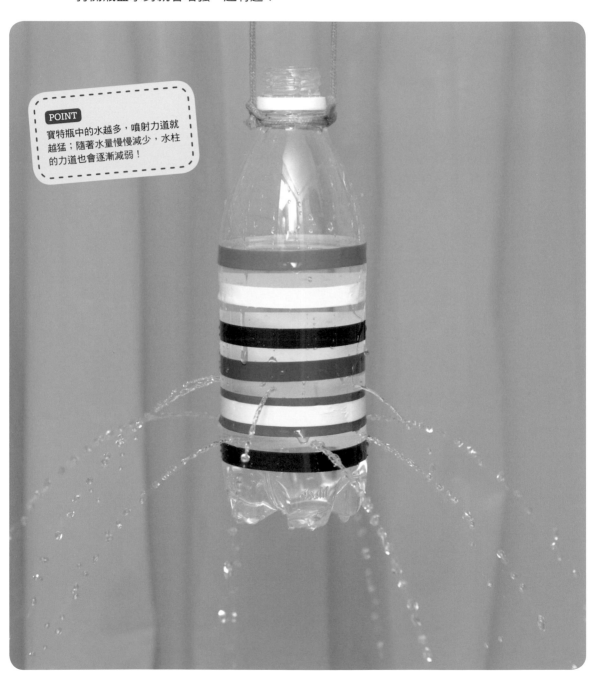

POINT

寶特瓶中的水越多，噴射力道就越猛；隨著水量慢慢減少，水柱的力道也會逐漸減弱！

玩法

打開瓶蓋，將寶特瓶身壓入浴缸灌進熱水後，在浴缸內旋緊瓶蓋再高舉起來，只要一打開瓶蓋就會噴出水柱！試著將瓶蓋開開、關關來控制水勢吧！

瓶蓋就像水龍頭。控制瓶蓋玩玩看吧！

作法

❶在寶特瓶下方約⅓的範圍內，用錐子戳出孔洞（Ⓐ）。
❷將較粗的繩子綁在寶特瓶上，當作提把（Ⓑ）。
❸用絕緣膠帶貼出喜歡的圖案。

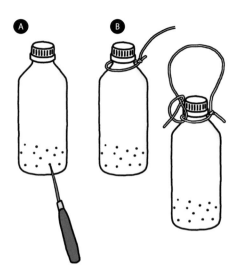

Advice

如果洞太小的話，水會很難噴出來。如果碰到水柱很難噴出的情況時，請先確認洞的大小。反之，如果洞太大的話，水會一口氣大量噴出，水柱轉眼間就噴完了，請特別留意。

材料

容量500毫升的寶特瓶／較粗的繩子

工具

剪刀／錐子／絕緣膠帶

79

47 寶特瓶噴泉

會噴水的神奇裝置！

這是一個特殊的噴水裝置——在浴缸裡漂浮的噴水小船！
還可以調整水柱噴發的高度，超級有趣！

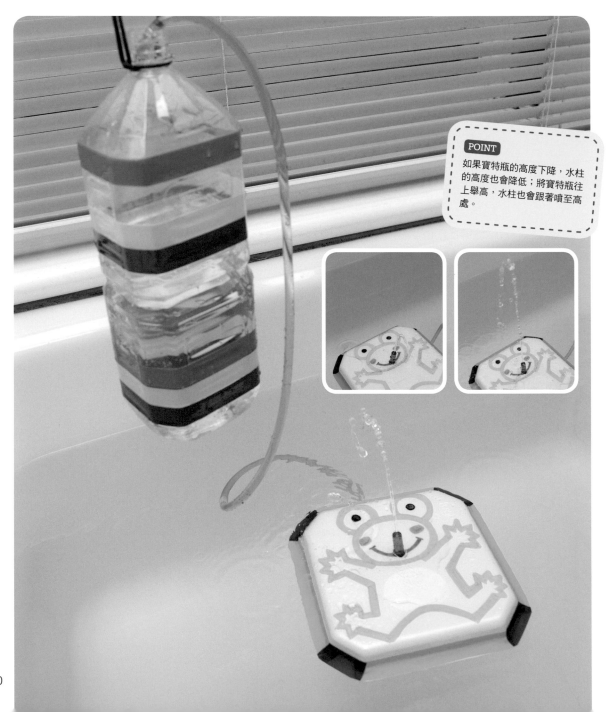

POINT

如果寶特瓶的高度下降，水柱的高度也會降低；將寶特瓶往上舉高，水柱也會跟著噴至高處。

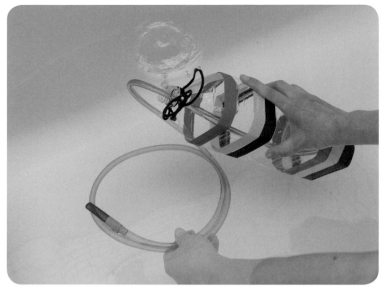

玩法

將噴水裝置（寶特瓶及水管）壓入浴缸裡，讓寶特瓶及水管灌滿水，不留一絲空隙。當不再咕嚕咕嚕地冒出氣泡時，代表準備完成。將寶特瓶直接往上提，水就會從設置於板子上的筆蓋洞孔中噴射而出。玩的時候，藉由提高、降低寶特瓶的位置來改變水柱的高度吧！

水管內部如果有空氣，會導致水無法噴出，因此請將水管壓入浴缸中，確實灌滿水。

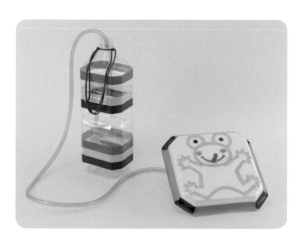

將筆蓋設置在嘴上，讓水從青蛙的嘴巴處噴射出來。

作法

❶用絕緣膠帶將筆蓋固定在水管前端（Ⓐ）。
❷在寶特瓶瓶口處綁上繩子，作為提把。
❸於保麗龍盤上鑽一個孔，使①的筆蓋能夠凸出來（Ⓑ），用油性筆於背面描繪喜歡的圖案。
❹寶特瓶及水管灌滿熱水後，將①的前端插入③的保麗龍盤洞中，依圖所示設置（Ⓒ）。

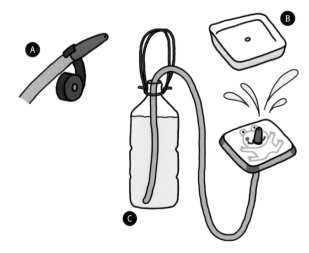

材料

透明水管（直徑6～8mm左右的細管）／容量2公升的寶特瓶／筆蓋（前端有孔洞的）／保麗龍盤／繩子

工具

剪刀／絕緣膠帶／油性筆

充滿活力躍出水面的小魚兒！

48·49 跳跳魚與小飛魚

利用寶特瓶或保麗龍盤製作而成的小魚玩具。
無論怎麼壓，小魚依然會活力十足地躍出水面！

48 跳跳魚

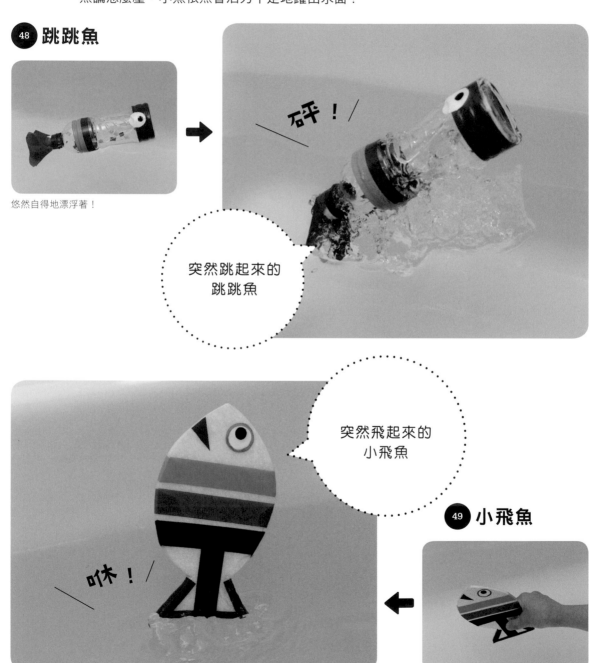

悠然自得地漂浮著！

砰！

突然跳起來的
跳跳魚

突然飛起來的
小飛魚

咻！

49 小飛魚

玩法

將小魚兒壓入熱水中，只要手一放開，魚就會猛然浮上水面。
可以多製作幾條魚，比看看誰的跳躍力較強、誰飛得比較快吧！

作法

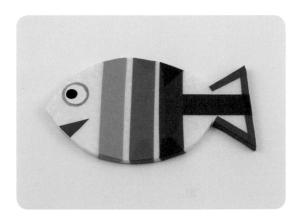

跳跳魚
❶將水裝至寶特瓶高度的¼處，將裁剪成小片的閃亮貼
紙（吸管、鋁箔紙等）或珠子放入瓶中，蓋上瓶蓋後用
絕緣膠帶纏繞瓶口。
❷裁剪色彩鮮豔的塑膠袋製作成尾巴及魚鰭，用絕緣
膠帶黏貼於寶特瓶上。將裁剪成圓形的絕緣膠帶貼在眼睛
的位置，用油性筆描繪出眼珠。

小飛魚
❶在保麗龍盤平坦的部分畫出魚的樣子，用剪刀裁剪下
來。要裁剪2條相同形狀的魚。
❷將①的2條魚重疊並纏上絕緣膠帶貼合。將裁剪成圓
形的絕緣膠帶貼在眼睛的位置，用油性筆描繪出眼珠。

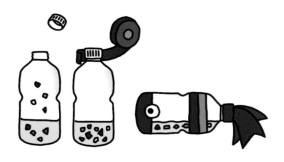

材料

●跳跳魚
寶特瓶／水／吸管／閃亮貼紙（或是吸管、鋁箔紙等）／珠
子／顏色鮮豔的塑膠袋
●小飛魚
保麗龍盤

工具

●跳跳魚
剪刀／絕緣膠帶／油性筆
●小飛魚
剪刀／絕緣膠帶／油性筆

這款拼圖可以吸附在浴室的磁磚或牆壁上。
只要用水沾濕就可以輕易吸附上去，取下也毫不費力。

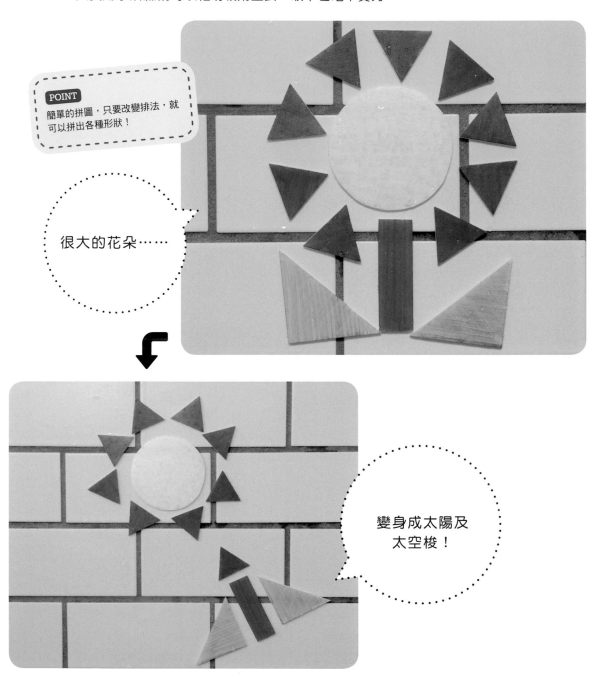

POINT
簡單的拼圖，只要改變排法，就可以拼出各種形狀！

很大的花朵……

變身成太陽及
太空梭！

玩法

先將每片拼片沾水，再貼到浴室牆壁的光滑面上來玩樂。試著改變簡單拼片的排法，排出各式各樣的形狀！

作法

❶將保麗龍盤底部的平坦處裁切下來，用油性筆描繪出圓形、四角形、三角形等形狀，再用剪刀裁剪。
❷用油性筆塗上顏色。

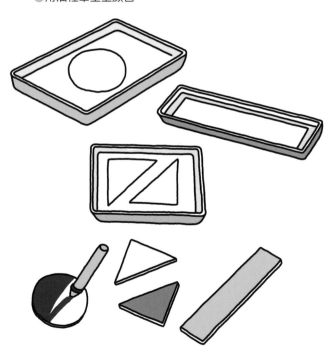

材料

底部平坦的保麗龍盤

工具

剪刀／油性筆

51

浸入浴缸就會緩緩上升現形！
上升現形的神祕客

放入浴缸後，藏起來的塑膠袋人偶就會緩緩上升而現形。
利用塑膠傘套製作，鼓成長條狀超級有趣！

動啊
動啊

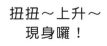

扭扭～上升～
現身囉！

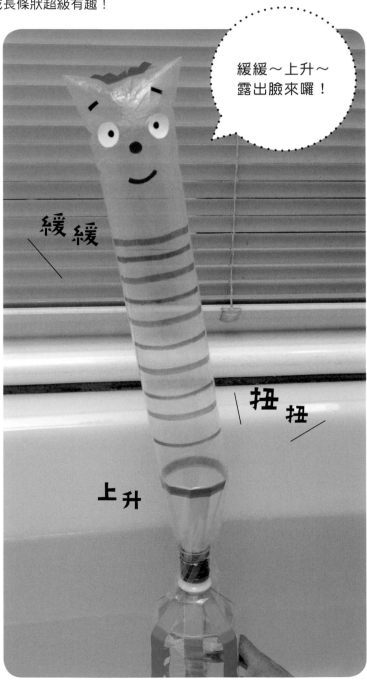

緩緩～上升～
露出臉來囉！

緩緩

扭扭

上升

玩法

將寶特瓶的切開的部位垂直泡入熱水中。保持直立緩緩往下壓，空氣就會灌入，使藏在裡面的塑膠袋人偶緩緩膨脹上升。塑膠傘套可以隨意取下，所以也可改用一般的塑膠袋來試看看！

作法

將塑膠袋人偶一截一截壓扁藏起來。

1. 依圖所示裁切容量500毫升的寶特瓶（僅使用上方部位）（Ⓐ）。
2. 依圖所示裁切容量1公升的寶特瓶底部（僅使用上方部位）（Ⓑ）。
3. 在①與②的切口處貼上絕緣膠帶，包覆起來（Ⓒ）。
4. 將①的瓶口對準②的瓶口接合，纏上絕緣膠帶，確實黏合固定（Ⓓ）。
5. 將塑膠傘套裁剪成30～35cm左右的長度。貼上剪裁好的鮮豔塑膠袋或圓形貼紙，並用油性筆描繪出眼睛、鼻子，製作臉部。
6. 將⑤套上④（Ⓔ），一手按壓於寶特瓶的連接處，另一手將剩餘的部分塞入上方的寶特瓶內，再以橡皮筋綁好固定。

材料

容量500毫升的寶特瓶／容量1公升的寶特瓶／塑膠傘套／橡皮筋／顏色鮮豔的塑膠袋／圓形貼紙

工具

剪刀／絕緣膠帶／油性筆

52

一吹氣就會冒出泡泡！

泡泡頭先生

利用寶特瓶和紗布製成的吹泡泡玩具。
泡泡不斷增加往上冒出的模樣，十分受孩子們喜愛！

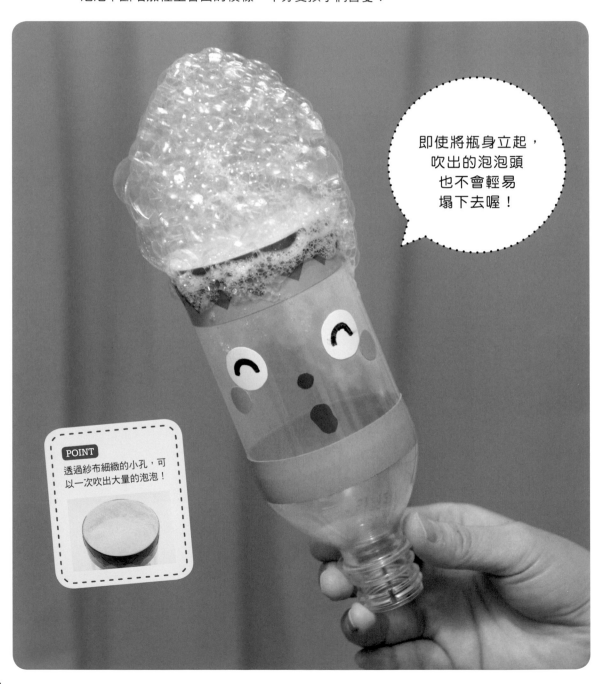

即使將瓶身立起，
吹出的泡泡頭
也不會輕易
塌下去喔！

POINT
透過紗布細緻的小孔，可
以一次吹出大量的泡泡！

玩法

先將「泡泡頭先生」頭部的紗布部位沾滿加水稀釋的肥皂水，再從寶特瓶口吹氣。因為肥皂水會滴下來，吹的時候請務必朝向前方（請留意不要讓孩子誤飲肥皂水）。

作法

❶ 用剪刀裁剪掉寶特瓶底部（柔軟的部分）（Ⓐ）。

❷ 沿著切口處貼上雙面膠，再將紗布貼合固定於其上（Ⓑ）。

❸ 裁剪掉多餘的紗布後，纏上絕緣膠帶（Ⓒ）。

❹ 用絕緣膠帶、油性筆添加裝飾、繪圖就完成了（Ⓓ）。

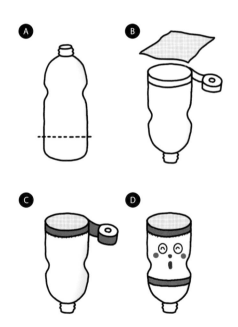

Advice

試著用裝香菇、橘子的網子或絲襪代替紗布看看。泡泡的大小也會因為網孔的大小而有所不同。

材料

容量500毫升的寶特瓶／紗布

工具

剪刀／雙面膠／絕緣膠帶／油性筆

53

水裡的一切都看得一清二楚！

水中透視鏡

利用優格空盒與塑膠袋製成的水中透視鏡。
水裡的一切都能看得一清二楚，令人驚豔！

沉在水裡的小鴨。
從水面上看的時候
明明歪扭變形……。

用水中透視鏡一瞧，
變得鮮明又清晰！

POINT
塑膠袋繃得越緊、皺褶越
少，就看得越清楚。

玩法

將洗澡時玩的玩具等全部放入水中，再試著用這個透視鏡看看會呈現什麼樣子！讓寶特瓶沉入水中，讀讀看標籤上的文字也很有趣！

作法

❶用剪刀剪掉優格空盒的底部。

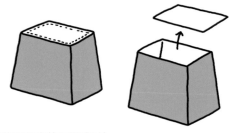

❷將塑膠袋剪開變成1片。

❸將②套在①切開的容器開口上，用橡皮筋固定，將表面鬆弛的部分拉整至繃緊後，纏繞絕緣膠帶加以固定。

用此面接觸水面

從此面觀察

材料

優格空盒（塑膠材質的盒子）／塑膠袋（透明的）／橡皮筋

工具

剪刀／絕緣膠帶

54

「啪答啪答」地划著水前進！
啪答啪答小船

利用保麗龍盤製成的小船，藉著橡皮筋的力量推進。
船身雖然迷你，但划水前進的模樣超帥氣！

POINT
螺旋槳是裁剪保麗龍盤邊緣部分製成，其角度恰到好處，有助於划水。裁剪保麗龍盤的一部分會使盤身變脆弱，因此製作的重點在於將吸管黏於裁切處作為補強。

努力划著水
向前推進！

玩法

用手指轉動螺旋槳，扭轉橡皮筋後壓住固定，放在浴缸的水面上。手一放開，螺旋槳就會啪答啪答地轉動，在水面划水前進。

作法

❶依Ⓐ所示裁剪保麗龍盤，並於左右兩側剪出缺口（從上緣剪至盤底）（Ⓑ）。

❷將4根彎吸管依Ⓒ所示裁剪、連接，並沿著盤子的裁切口擺放，用雙面膠黏合。另裁剪吸管，貼在盤子的內側與側面。

❸將橡皮筋套入①裁出的缺口（Ⓓ）。

❹修剪①裁切下來的部分，將其修小一圈（Ⓔ），夾在③的橡皮筋中，並用絕緣膠帶固定（Ⓕ）。

❺依圖所示裁剪另一個保麗龍盤，用雙面膠黏貼固定於④的盤子上（當作船艙／Ⓖ）。用絕緣膠帶等添加裝飾。

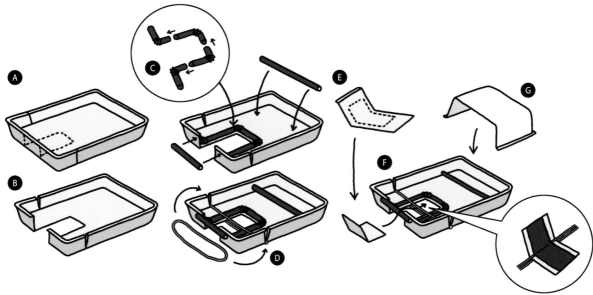

材料

保麗龍盤／橡皮筋／彎吸管

工具

剪刀／雙面膠／絕緣膠帶／油性筆

─────────

製作提示②

「水上遊戲」材料的各種特性

最適合的是寶特瓶、保麗龍盤

若要提到耐水性優良的材料，最具代表性的就是寶特瓶、保麗龍盤、塑膠袋等了。其中，寶特瓶可以密封，因此在未加工的狀態下就可以有各式各樣的玩法，例如：空瓶蓋上瓶蓋，就能在水面漂浮；裝滿水再蓋上瓶蓋，就能如潛水艇般潛沉於水中等等。如果能活用這類素材的特性製作玩具，一定能讓水上遊戲變得更加歡樂！

不過，裁切過的寶特瓶切口相當銳利。為了避免割傷，請務必用絕緣膠帶將切口包覆起來！

裝飾水上玩具時的重點是「顏料必須能附著在材料上」、「不會被水沖掉（不會剝落）」。請多多利用油性筆或絕緣膠帶吧！隨心所欲地添加裝飾，製作出原創的玩具吧！（圖為82頁的小飛魚）

• • • • • • •

用牛奶紙盒製成的玩具只用一次

牛奶紙盒是用來裝液體的容器，表面也會有防水層，所以也是可以運用於水上遊戲的材料。但畢竟還是紙製品，無法要求它做出的玩具能多耐久，不過若只是拿來撈撈水、倒倒水，對孩子來說就是很有趣的遊戲了。如果是只玩一次就丟棄的話，這個素材只要運用得當就綽綽有餘了。

若將牛奶紙盒剪開使用的話，請務必用絕緣膠帶將裁切口包覆起來！如此雖然稱不上毫無縫隙，但仍可以防止水從切口滲入，多少能延長使用的壽命。如果露出一點點縫隙，水就會馬上滲透進去，這樣就沒辦法持續使用了！

PART 4

利用臥房的空間或牆壁玩遊戲！

巧妙地利用臥房的角落、
牆壁等空間來玩遊戲吧！
即使房間的空間狹小也沒問題！

55

千方百計靠近的隱藏身影……

飛簷走壁的忍者

在手指及腳尖分別貼上磁鐵的不織布人偶。
以各種有趣的姿勢牢牢吸附在鐵櫃或冰箱上。

POINT
手腳底下貼了磁鐵。除了忍者外，也可以製作貓或狗等角色，玩起來更有趣。

啊！
這裡也有忍者！

玩法

家裡有多少地方黏了磁鐵呢？冰箱、鐵櫃、鐵罐⋯⋯一起來玩遊戲，找出飛簷走壁忍者的隱身之處，並讓他們擺出千奇百怪的姿勢吧！

作法

❶依圖示裁剪不織布，製作忍者的零件。
❷用白膠將各個零件組合黏貼起來。
❸用雙面膠在手腳等4個地方的背面黏上磁鐵，再將不織布末端向內摺起，覆蓋住磁鐵並黏合。

這裡也有！

Advice

如果磁鐵的磁力較弱的話，那麼製作時就不須用不織布覆蓋住磁鐵！

材料

不織布／磁鐵

工具

剪刀／雙面膠／白膠（或保麗龍膠等）

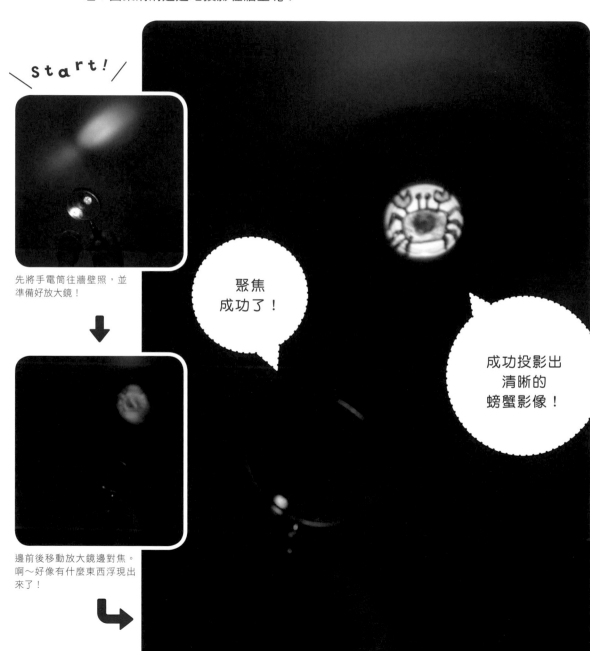

利用放大鏡的創意繪圖投影遊戲

56

驚喜光束

將圖案貼在手電筒上往牆壁照，再用放大鏡聚焦，就會……。
哇！圖案清清楚楚地投影在牆上呢！

Start!

先將手電筒往牆壁照，並準備好放大鏡！

聚焦成功了！

成功投影出清晰的螃蟹影像！

邊前後移動放大鏡邊對焦。
啊～好像有什麼東西浮現出來了！

玩法

打開手電筒，在牆壁及光源之間，一邊移動放大鏡，一邊讓投影在牆壁上的圖案對焦。

作法

❶準備一個大小能覆蓋手電筒透明蓋的霧面白色薄塑膠袋，用油性筆在上面畫出喜歡的圖案。

❷用橡皮筋將①畫好圖案的部分固定在手電筒上。

❸在黑暗的臥室內，將手電筒的光源照在白牆上。移動介於光源與牆壁間的放大鏡對焦，使圖案投影到牆上。

Advice

如果是使用LED手電筒，當塑膠袋上畫的圖案投影到牆上時，光源會變小，導致圖案難以清楚辨識。所以請改用黑色紙張裁切成小圖形（例如星星或月亮等），直接貼附於透明蓋上即可。

材料

手電筒／霧面白色薄塑膠袋／橡皮筋／放大鏡

工具

剪刀／油性筆

57

一打開燈，好像有什麼東西從內側浮出來!?

牛奶紙盒立體燈罩

將牛奶紙盒表面光滑膜撕下來後，觸感會如和紙般略微粗糙。
在此介紹質感如和紙般的精美燈罩。

從內側浮現的
章魚剪影，
真是太美了！

作法

❶將容量1公升的牛奶紙盒開口處撕開，沿著三角形的摺痕剪出缺口。裁剪掉底部（**A**）。

❷從三角形的尖端處，將貼於紙盒表面的光滑薄膜剝開分離、整個撕下來。

❸將紙盒攤平，用油性筆畫上喜歡的圖案（**B**）後，再摺回成盒狀，上方用透明膠帶封黏起來。

❹裁剪黑色美術紙，製作出章魚等角色，並用雙面膠貼在紙盒內側（**C**）。

❺在紙盤上剪出缺口，於中央剪出一個圓孔，大小必須能套入手電筒的燈泡，再用透明膠帶將缺口黏合（★／請參考34頁「『裁剪』素材的訣竅」）。沿著紙盒下的4條邊線裁剪出約1cm的缺口，向外側摺好，擺放於★上，並用雙面膠貼合（**D**）。

❻將❺套在可倒立的燭光模式手電筒上。

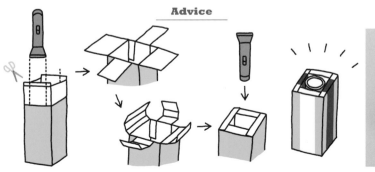

Advice

如果使用的是無法倒立的非燭光模式手電筒，則依圖所示裁剪另一個牛奶紙盒，將手電筒放入其中立起來，再將立式燈罩放上去吧！

材料

容量1公升的牛奶紙盒／紙盤／黑色美術紙／燭光模式手電筒

工具

剪刀／透明膠帶／雙面膠／油性筆

58·59 五彩繽紛的星星和月亮閃閃發光！

簡易星象儀

臥室角落轉眼有了星象儀！

一旋轉紙盤，星星和月亮也跟著轉動。也可以改製成燈罩式星空座燈。

58 星空投影燈

POINT
如果沒有燭光模式手電筒的話，可以將一般的手電筒放入牛奶紙盒中使用。詳細請參考101頁的「Advice」。

關掉臥室的燈，將投影燈置於角落後打開手電筒的開關。星星與月亮就會投射在牆上。只要旋轉紙盤，星星與月亮也會跟著移動。

作法

星空投影燈

❶將黑色美術紙裁剪成半徑10cm左右的半圓形，在紙上切割出一些圓形和星形孔洞（用造型打洞器也OK），用透明膠帶將彩色玻璃紙黏貼於背面（**A**）。

❷將①捲成圓錐狀，貼合處用透明膠帶黏貼固定（**B**）。

❸在紙盤上剪出缺口，於中央剪出一個圓孔，大小必須能套入手電筒的燈泡，缺口的部位用透明膠帶黏合（**C**／請參考34頁「『裁剪』素材的訣竅」）。

❹將②放置在③上方，周圍用透明膠帶黏合固定。最後套在燭光模式手電筒上，即可投影在牆上或天花板上（**D**）。

※如果使用的是一般手電筒，請將紙盤的孔洞剪成能卡在手電筒上的大小。套在手電筒上後依照101頁「Advice」安裝站立。

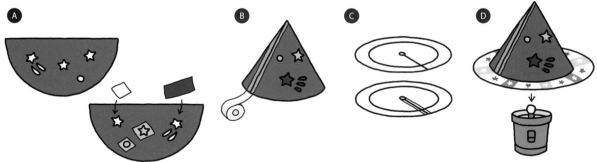

材料

黑色美術紙／彩色玻璃紙／紙盤／燭光模式手電筒

工具

剪刀／美工刀／造型打洞器（有的話）／透明膠帶

59 燈罩式星空座燈

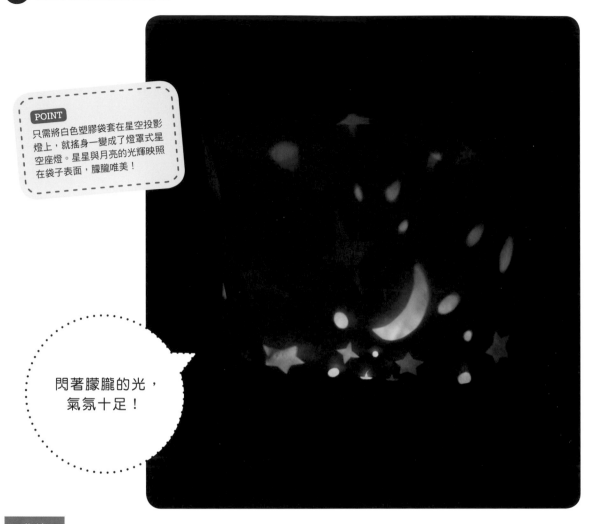

POINT

只需將白色塑膠袋套在星空投影燈上，就搖身一變成了燈罩式星空座燈。星星與月亮的光輝映照在袋子表面，朦朧唯美！

閃著朦朧的光，氣氛十足！

作法

燈罩式星空座燈

❶依照星空投影燈的要領製作。

❷將①套在燭光模式手電筒上，再覆蓋上裁剪掉提把的白色塑膠袋，最後打開燈源就完成了。

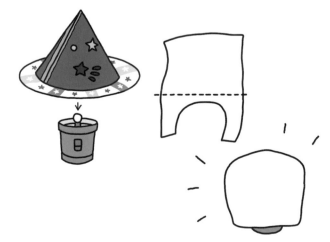

＋材料

白色塑膠袋

拿來玩也趣味十足！

可以玩的面具壁飾

有的眼睛會變化、有的化身成吃角子老虎機、有的可以玩滾球遊戲。
活用壁飾來玩遊戲吧！

60 表情豐富的公雞面具

作法

❶依圖所示裁切瓦楞紙箱，裁切出能露出眼睛及紙盤的洞口（★），並於眼睛旁邊鑽出能插入竹籤的小孔（**A**）。

❷用竹籤在紙盤中央戳出孔洞，再從★的洞口處放入紙盤，接著從眼旁小孔插入竹籤穿過紙盤，貫穿到箱子背面，在凸出來的竹籤上纏繞絕緣膠帶（**B**）。

❸在②的紙盤上畫好眼睛的表情（**C**）。將另一個紙盤裁切成一半，用雙面膠分別黏貼於眼旁小孔的左右兩側（用來遮掩後方眼睛的表情）。

❹用彩色美術紙做出雞冠、眉毛、用紙杯做出雞嘴，再用雙面膠一一黏合於紙箱上（**D**）。

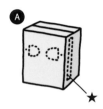

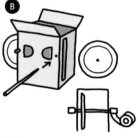

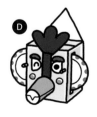

轉動紙盤，眼睛會有變化喔！

材料

瓦楞紙箱／紙盤／竹籤／彩色美術紙／紙杯

工具

剪刀／美工刀／雙面膠／絕緣膠帶／筆

61 吃角子老虎機

仔細一瞧～
居然是
骷顱頭面具！

POINT
用手轉動扇葉，挑戰
看看是否能轉出相同
的圖案或顏色吧！

玩法

❶依圖所示裁切空箱表面，裁切出眼睛與嘴巴的洞口。

❷準備2張用牛奶紙盒裁切成的長方形紙片，在每張紙片中央剪出一道缺口並兩兩組合起來，製作成扇葉。用透明膠帶將吸管黏貼在扇葉軸心一處。製作2組大扇葉、3組小扇葉。

❸用彩色美術紙在各個扇葉上貼上喜歡的圖案（或用油性筆描繪喜歡的圖案）。

❹將竹籤裁切成與箱子同寬，穿過③的吸管，於小扇片之間夾穿珠子固定。將竹籤兩端用封箱膠帶黏合於箱子內側。

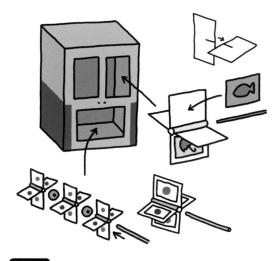

材料

空紙箱／牛奶紙盒／吸管／彩色美術紙／竹籤／珠子

工具

剪刀／美工刀／透明膠帶／雙面膠／封箱膠帶／油性筆

62 滾啊滾啊吐珠面具

POINT

只要將小球的入口（承接口）裁切得比出口（吐出處）大，小球就會順暢無比地滾動而下。

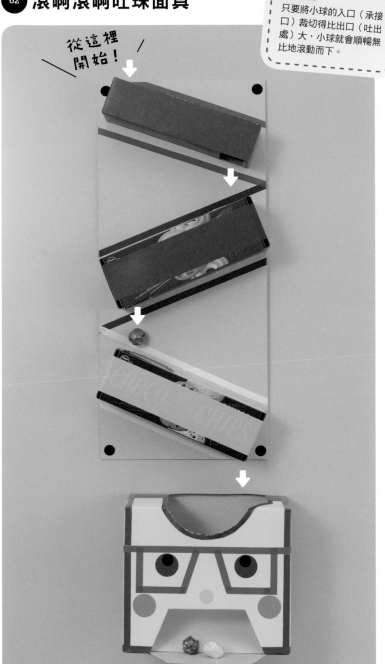

作法

❶依圖所示裁剪掉四角形零食紙盒的2個部位。共要製作3個。

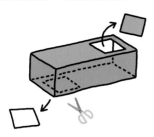

❷依圖所示裁切空紙盒的表面，裁出頭頂與嘴巴的開口。描繪好眼睛、鼻子。

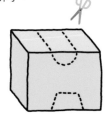

❸將①與②按順序貼在牆上。將色紙搓揉成球狀，纏上透明膠帶，製作成小球。

從上方的洞口丟入小球來遊戲。

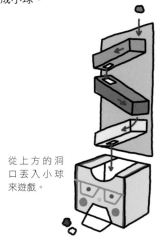

材料

3個四角形零食紙盒／1個空紙盒／色紙

工具

剪刀／美工刀／透明膠帶／筆

這款玩具是先拉扯紙杯後放開，靠橡皮筋的力量彈回原位。
最適合喜歡重複性遊戲的 1、2 歲兒童！

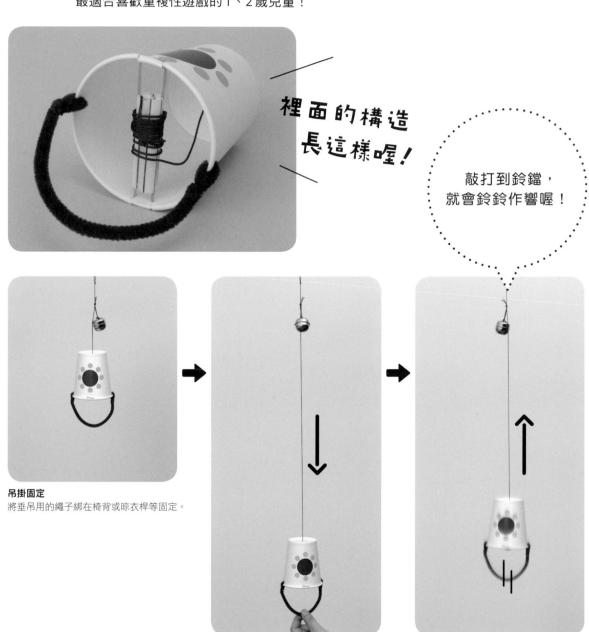

裡面的構造
長這樣喔！

敲打到鈴鐺，
就會鈴鈴作響喔！

吊掛固定
將垂吊用的繩子綁在椅背或晾衣桿等固定。

往下方拉扯
手握著毛根製成的把手，往下拉扯。

放手
手一放開，紙杯就會彈回去，用杯底撞擊
鈴鐺發出聲響。

玩法

將「響亮拉鈴」掛在椅背或晾衣桿等上，將毛根做成的把手往下拉扯，接著放開手，紙杯就會自然而然地往上彈，最後敲響鈴噹。

作法

❶依圖所示裁剪吸管，取4根4～5cm的吸管（Ⓐ）。

❷將4根吸管捆在一起，用透明膠帶固定。套上橡皮筋後再次用透明膠帶固定（Ⓑ）。

❸取一條50～60cm的線，將一端綁在②上，用透明膠帶固定，將線纏繞在吸管上（預留約15cm的線）（Ⓒ）。

❹用錐子（或圖釘）於紙杯底部鑽出小孔，於杯口左右兩處平行裁剪出兩兩相對的缺口（Ⓓ）。

❺將③的線從紙杯內側穿過④的小孔，線的前端打結成一個圓環。將②的橡皮筋套入缺口（Ⓔ）。

❻將毛根製成的把手固定於杯口處，鈴鐺則綁在靠近杯底附近的線上，用貼紙等裝飾紙杯就完成了（Ⓕ）。

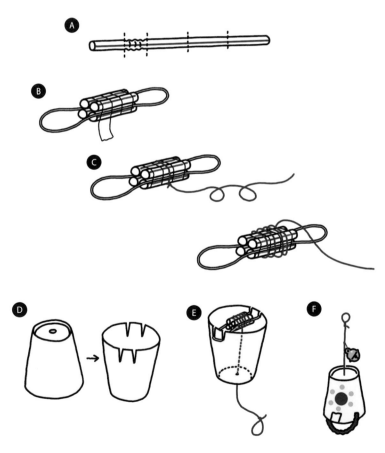

材料

吸管／橡皮筋／線／紙杯／毛根／鈴鐺／貼紙

工具

剪刀／錐子（或圖釘）／透明膠帶

邊走邊維持平衡，搖搖晃晃～

走鋼索馬戲團

大象、小丑、與海狗，搖搖晃晃走鋼索的模樣超有趣！
可以2個人玩，也可以自己玩。

POINT
如果腳尖處會因太重而凹摺，就用兩層紙來加強厚度。

玩法

可以兩人各拿繩子一端，一邊高一邊低，像是玩蹺蹺板般；或者將繩子一端綁在椅背上，自己拿著另一端來玩。讓馬戲團的團員一邊維持平衡一邊走過鋼索。

作法

大象

依圖所示裁剪彩色美術紙，再畫上眼睛。在頭和耳朵剪出缺口，組合起來後用透明膠帶黏合。

小丑

依圖所示裁剪彩色美術紙，再畫上臉與服裝的圖案。用透明膠帶將手臂及吸管黏合，再黏貼於身體上。

海狗

依圖所示裁剪彩色美術紙，再畫上臉部。在球上剪出缺口，組合起來後用透明膠帶黏合於嘴巴前端。

固定方式

❶於鐵夾的2個圓孔各裝上1個卡片圈。

❷將吸管穿過棉繩等繩子，於吸管中央黏上雙面膠，並將①的鐵夾固定在吸管上，夾住大象、小丑等角色的腳尖處。

材料

彩色美術紙／吸管／鐵夾（有圓孔）／卡片圈／棉繩

工具

剪刀／透明膠帶／雙面膠／筆

111

在室內也可以玩簡單的火箭遊戲！

氣球火箭

只要有線、吸管和氣球，就可以輕鬆製作出這款火箭。

趕快在臥房拉起線，開始倒數計時！

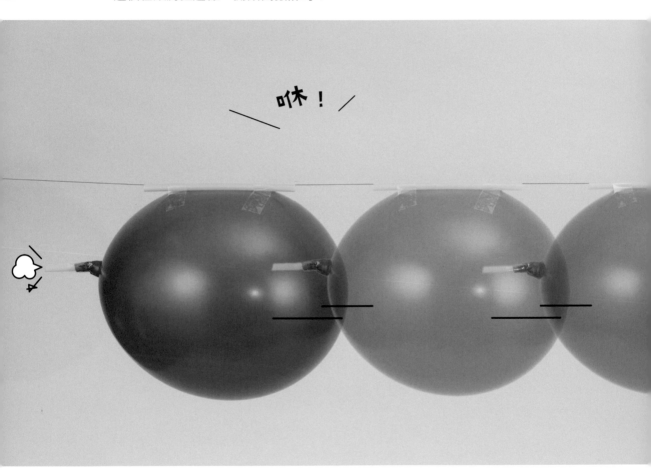

玩法

用封箱膠帶將線的一端牢牢貼在牆壁或椅背上，另一端則穿過吸管後用手拉住、拉緊。接著將吹滿氣的氣球貼在吸管上，手一放開，氣球就會因噴出氣體的反作用力帶動而發射出去。

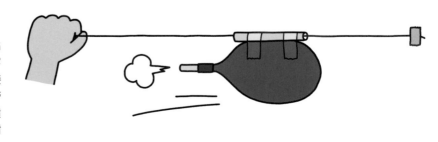

作法

❶先裁剪掉氣球吹嘴處較硬的部分，再將吸管裁剪成約5cm長，從裁切口插入氣球並纏上絕緣膠帶固定（**A**）。

❷將吸管裁剪成約10cm，讓線穿過，線的一端固定於牆上，另一端則拉直。

❸將①的氣球吹滿氣，用手壓住吸管口（避免氣體外洩），再用透明膠帶固定於②的吸管上（**B**）。

❹手一放開，氣球就會如火箭般發射出去。

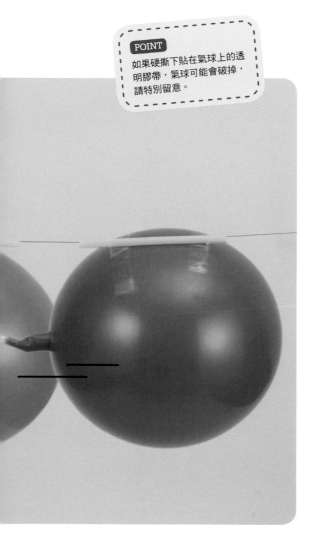

POINT
如果硬撕下貼在氣球上的透明膠帶，氣球可能會破掉，請特別留意。

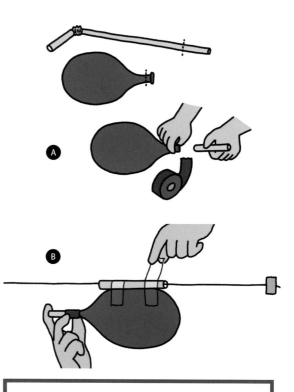

A

B

材料

氣球／吸管／線

工具

剪刀／透明膠帶／絕緣膠帶／封箱膠帶

Advice

如果不方便將線拉長的話，那麼就製作成「旋轉UFO」來玩吧！將作法①所用的吸管換成彎吸管的彎曲部位。吹滿氣球、折彎吸管，一邊用手壓住吸管口避免氣體外洩，一邊用透明膠帶將線黏於氣球的中央附近，將氣球懸掛起來。最後放開按壓的手，氣球就會原地繞圈旋轉起來。

113

上升、下降，單純而有趣！
電梯遊戲

這款玩具會如電梯般，一會兒上升、一會兒下降。
只要放入重物就會自動上下移動，讓孩子玩得渾然忘我！

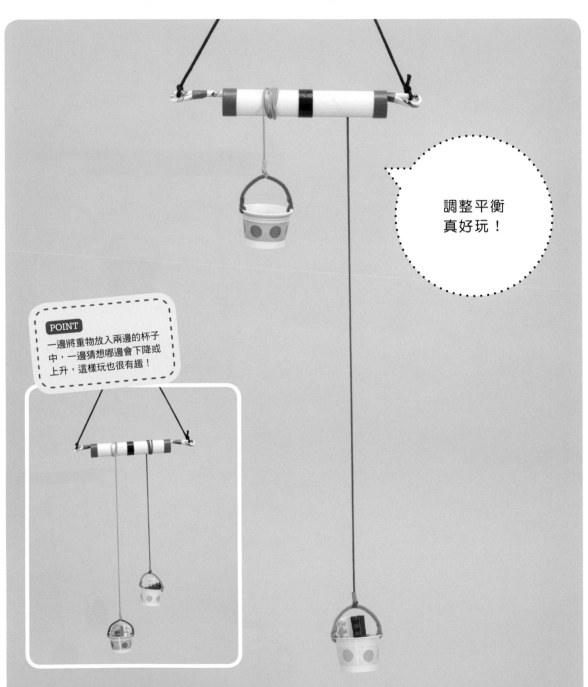

調整平衡
真好玩！

POINT
一邊將重物放入兩邊的杯子
中，一邊猜想哪邊會下降或
上升，這樣玩也很有趣！

玩法

將玩具等物品放入因捲起而上升的杯子中，杯子就會因為重量而下降，與此同時，另一端的杯子就會往上升起。

作法

❶斜斜地將廣告傳單（約報紙1頁左右的大小）捲成細條狀（如果是用較薄的紙，則重疊2張），兩端各摺起5cm，用絕緣膠帶固定。

❷用透明膠帶將兩條棉繩（約1m）黏於保鮮膜捲筒芯上。

❸用錐子在空容器或紙杯的開口兩側鑽洞，將毛根穿過，做成提把。

❹分別將②的棉繩綁在③的毛根上，將另一端的棉繩捲繞在捲筒芯上。

❺將①穿過④的捲筒芯，用棉繩從兩端綁起，使其能吊掛起來。

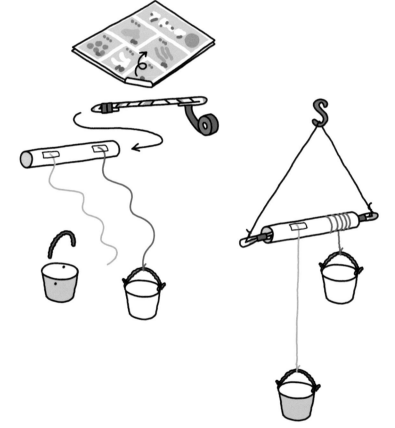

材料

廣告傳單／保鮮膜捲筒芯／棉繩／布丁或優格的空容器（紙杯亦可）／毛根／作為重物的小玩具

工具

剪刀／錐子／透明膠帶／絕緣膠帶

祕密基地的魅力

祕密基地——。聽起來多麼吸引人呀！應該有不少父母在孩提時期也曾窩在祕密基地裡，一邊讓想像力盡情飛翔一邊玩樂吧？

祕密基地其實並不僅限於室外。比方說可以準備2張椅子，中間隔一小段距離，上方再蓋上一條床單……瞧！祕密基地就大功告成啦！接著只要將依照本書製成的玩具（102頁的簡易星象儀或70頁的扮家家酒之料理系列）帶進基地裡玩樂，就是非常完美的空間了！

只要善用一部分的室內空間做出「隔間」，那個小區塊就會變身成孩子的「遊戲空間」。試著鋪上野餐墊、或者規劃出約½坪大的遊樂空間。就算區域僅僅如此也無妨。孩子會在一方小天地中，一面充分發揮天馬行空的想像力，一面玩耍遊戲。

扮家家酒的重要性

孩子到了2歲左右，就會開始「模仿遊戲」、「角色扮演遊戲」。使用玩偶或積木等，一個人邊玩邊想像。「扮家家酒」就是這種遊戲的延伸之一。到了3、4歲後，就會開始與朋友共享想像，玩起媽媽遊戲、店家遊戲、購物遊戲、開電車遊戲等等。

這種「扮家家酒」類型的遊戲，在幼兒時期的教養是不可或缺的重要遊戲。因為，此遊戲中蘊含的元素，都會成為孩子往後必備的各種能力的基礎。比方說，思考能力、計畫能力、想像力、創造力、感同身受的能力、溝通能力、生活能力等等。

唯有3至5歲這個時期才會玩的「扮家家酒」，能決定孩子往後的發展，這麼說一點也不誇張。家長不妨試試，增加更多令孩子玩得不亦樂乎的「扮家家酒」時間吧！

PART 5

樂趣滿載的
智育遊戲！

本單元介紹的
數數遊戲或科學遊戲等等，
都能自然引導出孩子的興趣與好奇心。

不可思議的圖卡，打開就有不同圖案

翻翻樂故事時間

只要從六角形中心向外翻開，就會有完全不同的圖案。
構思小故事，和孩子一起興致高昂地驚嘆著「好神奇」吧！

67 基本款

作法請見 121 頁

只要從中央翻開，3種圖畫就會依序出現。
鯨魚→海獺→昆布。哇～都是海洋夥伴呢！

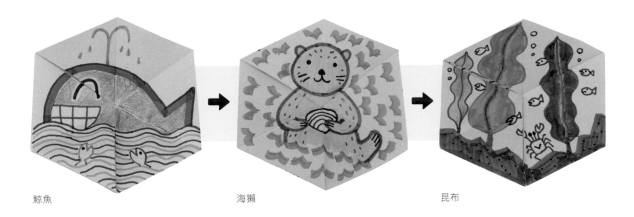

鯨魚　　　　　　　　　海獺　　　　　　　　　昆布

68 也使用背面製成的六面萬花筒

運用各種顏色描繪幾何圖案，即可欣賞如萬花筒般
千變萬化的樂趣。

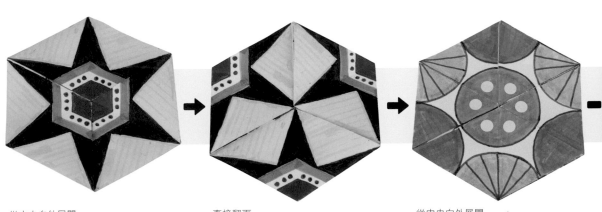

從中央向外展開……。　　　　直接翻面……。　　　　從中央向外展開……。

69 也使用背面製成的迷你故事卡

摺疊圖卡、從中央向外展開、翻面，玩得時候會因為展現
圖案方式的不同，讓故事發展的走向更多變。

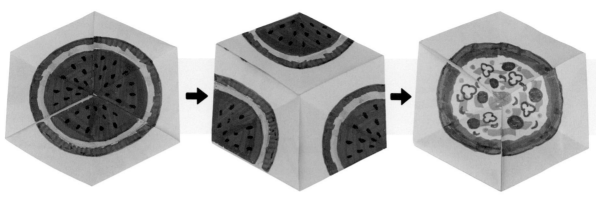

將西瓜摺疊起來，從中央向外展開並翻
面……。

3個人一起吃西瓜吧！

直接翻面，出現了一片披薩！

將披薩摺疊起來，從中央向外展開並翻
面，又可以3個人一起分享了！
接著直接翻面……。

出現了刀子和叉子！
那麼，試著再次打開中央，向外展開
來……。

西瓜再度
現身啦！

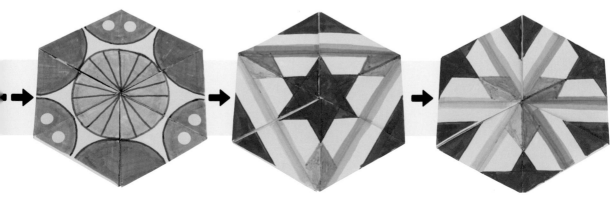

直接翻面……。

從中央向外展開……。

6種圖案全都出現了！

119

玩法

❶如照片所示，將紙卡摺疊起來，使中心凸起。
❷從凸起的前端向外展開。
❸海獺現身了！
❹再次摺疊起來，從凸起的前端向外展開……重複這樣的步驟來玩。

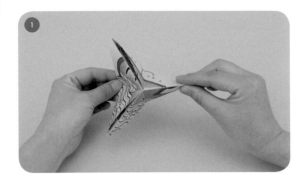

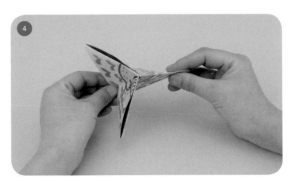

■六角形圖卡的原尺寸

描繪轉印這個正三角形，用厚紙板製作成型紙。

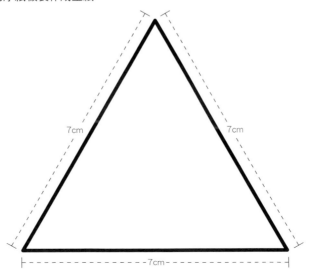

7cm　7cm

7cm

作法

❶描繪轉印邊長為7cm的正三角形（以左頁下圖為版型），用厚紙板製作出型紙（Ⓐ）。

❷將型紙置於紙上，依圖所示描繪，畫出10個三角形正反並排的草圖。（若是使用A3大小的紙，請橫向並排；若是使用塗鴉本等B4大小的紙張，則以斜對角方向並排）（Ⓑ）。

❸將10個正反並排的三角形整個裁剪下來，再依山線、谷線交錯反覆摺疊（Ⓒ）。

❹用雙面膠將兩端的三角形背面黏合起來，再從中央展開（Ⓓ）。

❺畫上喜歡的圖案後，摺疊圖卡使中心凸起，從內側往外展開，畫上圖案。依前述方法，摺疊、展開、再畫上圖案（Ⓔ）。

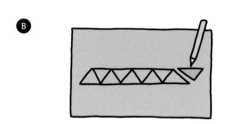

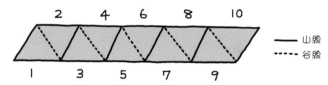

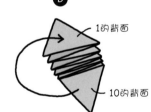

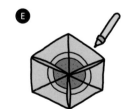

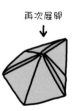

材料

描圖紙（轉印型版用）／厚紙板（型紙）／圖畫紙（A3或B4大小）

工具

剪刀／雙面膠／鉛筆／彩色筆等／尺

70

在迷宮中遊玩，同時還能玩算數！

松鼠撿橡實

這是個邊沿途撿拾橡實、邊步步朝終點邁進的迷宮。
試試看能撿到幾個橡實呢？

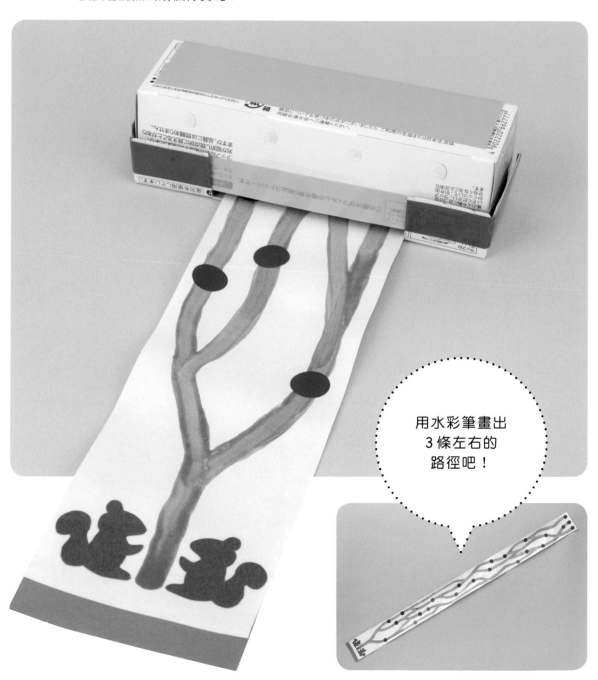

用水彩筆畫出
3 條左右的
路徑吧！

玩法

將捲起的紙張一點一點拉出來，一邊選擇路徑，一邊算算沿途共冒出幾個橡實。

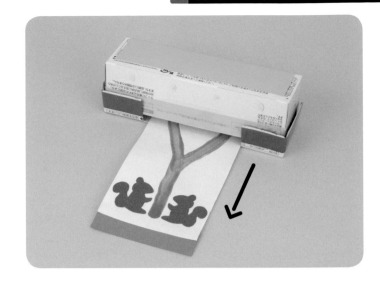

作法

❶將彩色美術紙裁剪成3張等寬的紙條，頭尾相接，用膠水黏合（Ⓐ）。

❷使用水彩筆沾水彩，描繪出分岔、交會的道路。將代表橡實的圓形貼紙貼在道路上（Ⓑ）。

❸依圖所示，剪掉保鮮膜盒上的切割器（鋸齒部份），並剪出一個開口（比①的紙條寬度略寬）。用捲筒芯從畫了終點的一端捲起紙條，放入盒中（Ⓒ）。

❹蓋上保鮮膜紙盒蓋，從起點端拉出紙條來玩（Ⓓ）。

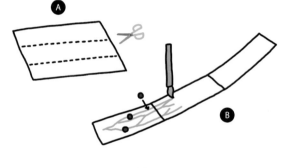

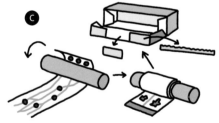

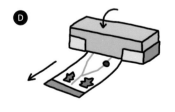

Advice

如果將橡實貼紙黏在道路的分岔處，容易一拉就露出前面的路，使迷宮的樂趣大打折扣。請將橡實貼在離分岔處有一段距離的地方吧！

材料

彩色美術紙／保鮮膜盒（小的）及捲筒芯／圓形貼紙

工具

剪刀／膠水／水彩顏料／水彩筆

71

具備「聲音」及「算數」的遊戲，適用年齡層廣泛

算數沙鈴

只要將彈珠裝進寶特瓶即可完成的簡單沙鈴。
到了 4、5 歲時，也可以用來玩數彈珠的遊戲。

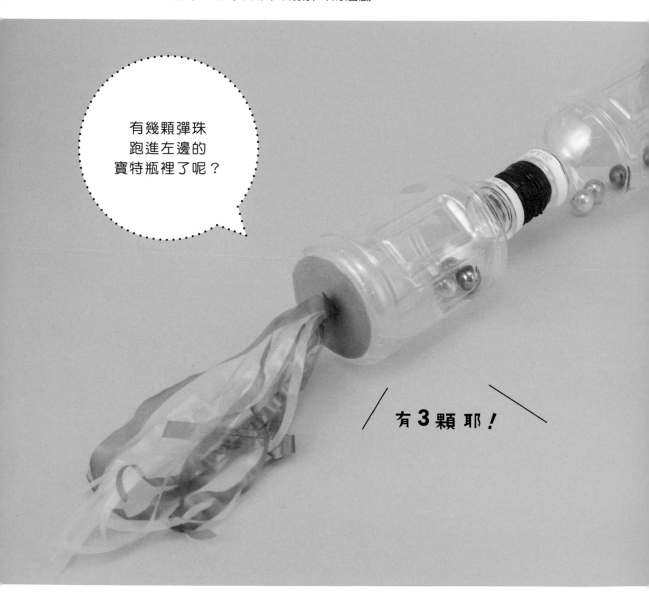

玩法

搖動沙鈴發出「沙沙」的聲響。玩的時候，也算算分散在左右兩邊的彈珠數量吧！

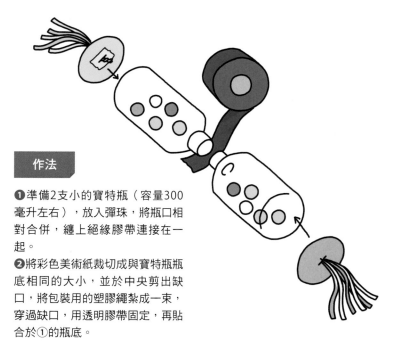

作法

❶準備2支小的寶特瓶（容量300毫升左右），放入彈珠，將瓶口相對合併，纏上絕緣膠帶連接在一起。

❷將彩色美術紙裁切成與寶特瓶瓶底相同的大小，並於中央剪出缺口，將包裝用的塑膠繩紮成一束，穿過缺口，用透明膠帶固定，再貼合於①的瓶底。

材料

2支小的寶特瓶（容量300毫升左右）／彈珠／彩色美術紙／包裝用塑膠繩

工具

剪刀／透明膠帶／絕緣膠帶

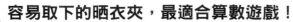

72

容易取下的晒衣夾，最適合算數遊戲！

晒衣夾算盤

只要在箱內拉起鬆緊帶，再將繽紛多彩的晒衣夾夾上去即可。
可以一起玩的簡單算數遊戲。

POINT
因為要拉起鬆緊帶，所以請使用瓦楞紙箱等較堅固的箱子。

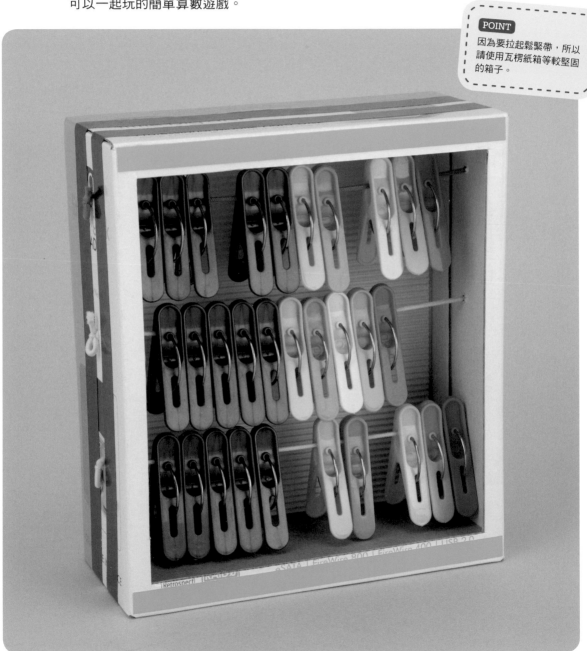

玩法

將晒衣夾分為左右兩邊來練習算數、學進
位。一邊快樂遊戲，一邊親近數學吧！晒
衣夾十分容易取下，因此也可一邊數著1
個、2個、3個……一邊將晒衣夾夾到算
盤上來玩。

作法

❶用美工刀裁切瓦楞紙箱的其中一面，四
周留些邊框。用錐子等工具在箱子側邊鑽
孔。
❷將彩色鬆緊帶穿過孔洞，在稍微繃緊的
狀態下打結固定。
❸依顏色分類，將晒衣夾夾到鬆緊帶上。
用彩色封箱膠帶等裝飾箱子。

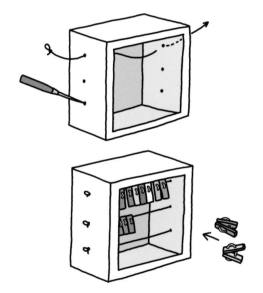

材料

瓦楞紙箱（或是比較堅固的箱子）／彩色鬆緊帶／晒衣夾
（彩色的會更好玩）

工具

剪刀／美工刀／錐子／彩色封箱膠帶

73

用空鐵盒和磁鐵玩時鐘遊戲！

磁鐵時鐘

製作時鐘的盤面貼在空鐵盒上，再裝上磁鐵指針。

一邊自由地移動指針，一邊和各種角色一起學看時鐘吧！

時鐘指針的中心是使用工字型磁鐵。可於百元商店等地方購得。

玩法

時鐘指針可以自由轉動，適合親子一起玩，一邊問「現在幾點了呢？」一邊學習看時鐘。此外，也可以準備數種市售的磁鐵來玩算數遊戲。

作法

❶將彩色美術紙裁剪成圓形，畫上時鐘的數字盤面，用雙面膠黏在空的鐵盒（禮盒的盒子等）上。
❷裁剪不織布，製作成長針與短針，分別在其中一端用剪刀剪出小孔。另一端則用雙面膠黏上磁鐵。
❸將工字型磁鐵穿過②的小孔，吸附在數字盤面中央。
❹用不織布製作兔子等喜歡的角色，背面用雙面膠黏上磁鐵。與市售的磁鐵等一起吸附在鐵盒上。

材料

大的空鐵盒（禮盒或喜餅盒等）／彩色美術紙／磁鐵／不織布

工具

剪刀／雙面膠／筆

超簡單！用紙杯玩「圖案＆顏色」的配對遊戲

紙杯積木疊疊樂

這款簡單的紙杯積木，活用紙杯可以堆疊的特性。
快來疊成高塔、玩顏色配對的遊戲吧！

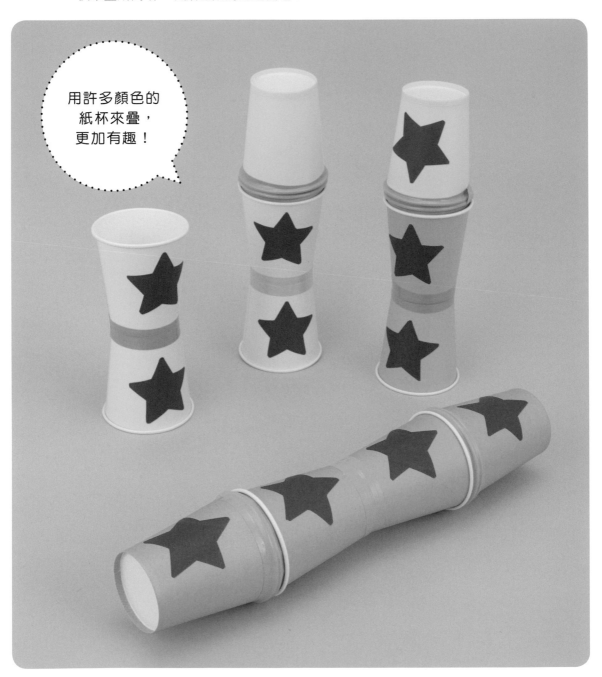

用許多顏色的
紙杯來疊，
更加有趣！

玩法

將紙杯製成的積木零件堆疊起來玩樂。一邊配對顏色或圖案，一邊反覆疊上、取下吧！

圖案配對

顏色配對

作法

Ⓐ 直接使用一個紙杯
Ⓑ 將兩個紙杯開口對開口，纏上絕緣膠帶黏合。
Ⓒ 將兩個紙杯底部相對，纏上絕緣膠帶黏合。

於各個紙杯上隨心所欲地描繪圖案或花樣，或者貼上貼紙添加裝飾。

材料

紙杯／貼紙

工具

絕緣膠帶／筆

75 紙杯機器人

由紙杯積木疊疊樂（130頁）進化而來的機器人遊戲。
試著做出自己的獨創作品吧！

玩法

用不同大小的紙杯做成機器人的零件，大
玩合體、拆解的遊戲。

作法

❶將紙杯的開口對開口，纏繞絕緣膠帶黏
合（基本款），依圖所示製作機器人的零
件。
❷將魔鬼氈貼紙黏於想合體的部位，再用
彩色美術紙或貼紙添加裝飾。

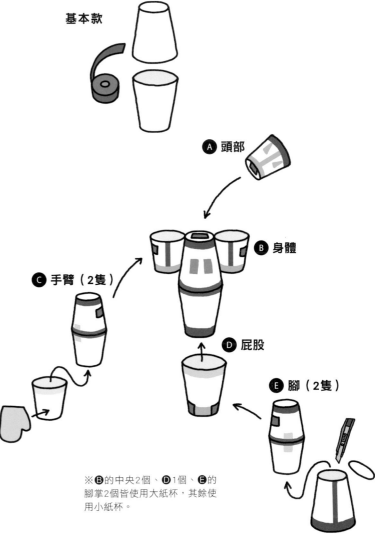

基本款

Ⓐ 頭部

Ⓑ 身體

Ⓒ 手臂（2隻）

Ⓓ 屁股

Ⓔ 腳（2隻）

※Ⓑ的中央2個、Ⓓ1個、Ⓔ的
腳掌2個皆使用大紙杯，其餘使
用小紙杯。

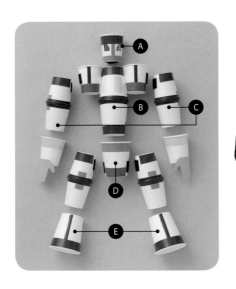

材料

紙杯（大、小2種）／彩色美術紙／魔鬼氈貼紙／貼紙

工具

剪刀／美工刀／膠水／絕緣膠帶

POINT
分別用魔鬼氈黏合、疊合紙杯、套入挖空的杯底中，藉此讓零件合為一體！

可以搭建城堡，也可以玩認字遊戲！

牛奶紙盒積木

此款積木是將摺好的報紙塞入牛奶紙盒中製作而成。
只要貼上喜歡的標誌或文字，即可變成語言遊戲的小道具。

POINT

將1頁報紙縱向對摺，再摺成⅓後，橫向對摺。接著將之摺疊成8摺後塞入紙盒中，可加強紙盒的重量與強度，便於應用（若是使用B類型的紙盒，則需要6～8頁的報紙來摺）。

玩法

將牛奶紙盒做成的積木零件堆疊起來或是並排來玩。

作法

🅐裁切牛奶紙盒，製作成邊長7cm的正方體。裡面塞入摺好的報紙後，將開口處蓋好，並用封箱膠帶貼起來。

🅑撕開容量1公升的牛奶紙盒開口，塞入摺好的報紙，沿著開口處原本的摺線蓋好，並用封箱膠帶貼起來。

🅒①撕開容量1公升的牛奶紙盒開口，依圖所示裁切出7cm×7cm的洞口。將報紙塞入未裁切出洞口的部位，再將開口處蓋好封起來。

②將另一個容量1公升的牛奶紙盒開口撕開，塞入報紙，將開口處摺疊起來，再插入①裁切出的開口裡，用封箱膠帶貼起來。

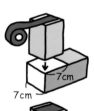

用雙面膠將彩色美術紙貼在🅐🅑🅒上，或用貼紙、封箱膠帶等添加裝飾。

報紙的塞法

材料

牛奶紙盒／報紙／彩色美術紙／貼紙

工具

剪刀／美工刀／雙面膠／封箱膠帶

塑膠袋空氣砲

只要用手擠壓塑膠袋中的空氣，
火箭或飛鼠就會逗趣地彈飛出去。

POINT
裁剪信封製作而成的飛鼠也會展
現有趣的飛行方式。

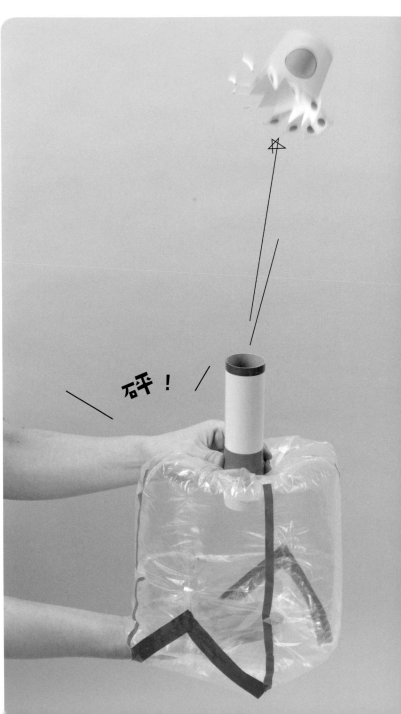

砰！

在塑膠袋內裝滿空氣，單手握住紙筒部
位，只要用力拍塑膠袋底部，火箭就會
升空。

玩法

將紙杯或信封製成的火箭擺放在貼好塑膠袋的紙筒上，一按壓擠出塑膠袋內的空氣，火箭就會發射。放在桌上輕敲塑膠袋，也可讓物體飛射出去。

作法

❶將橡皮筋套在塑膠袋口綁兩圈，再插入紙筒。

❷用透明膠帶將紙筒與塑膠袋黏合固定。將塑膠袋底部的兩個角分別往上摺，並用絕緣膠帶固定，做出有寬度的袋底。

❸製作紙杯火箭。於紙杯的開口處剪出缺口，並依圖所示斜斜地向外摺，再用貼紙等添加裝飾。

❹製作信封火箭。依圖所示裁剪直式信封，畫上飛鼠圖案。將底部兩端摺起，用透明膠帶固定。依圖所示將裁剪成細條狀的色紙（將裁剪信封時剩餘的部分裁成細條狀來用也OK）貼於信封上（腳）。用2個迴紋針夾在尖端處（增加重量）。

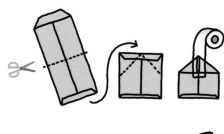

材料

塑膠袋／紙筒／橡皮筋／紙杯／信封／色紙／迴紋針／圓形貼紙

工具

剪刀／透明膠帶／絕緣膠帶／筆

78

一起觀察顏色逐漸渲染開來的模樣吧！

簡易渲染畫遊戲

能觀察水性筆的墨水滲入水中、一邊分解一邊擴散開的模樣。
是款簡易的科學遊戲。

玩法

準備
於咖啡濾紙上畫線，並將一部分
浸入裝水的紙杯中。

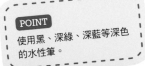

POINT
使用黑、深綠、深藍等深色
的水性筆。

水會逐漸滲透
水會滲透咖啡濾紙，使墨水漸漸渲
染開。

作法

❶將咖啡濾紙裁剪成2片，一次使用1片。
❷依圖所示剪出2個缺口，用水性筆慢慢描
繪出粗線條。
❸摺一下缺口處，掛在裝了水的紙杯上。此
時請讓紙摺下的部分浸入水中。
❹濾紙將水分往上吸，即可享受觀看墨水邊
分解邊暈染開的樂趣。

Advice

用渲染畫製作臥房裝飾！

讓顏色渲染開的咖啡濾紙乾燥後，將未有顏色擴散的部分裁剪掉。試著在紙上作出拼貼畫、或是放入透明盒子中，就完成造型裝飾品了！

3

經過5分鐘囉。
很漂亮地
暈染開來了呢！

墨水顏色會暈染開來
深色的墨水開始分解，暈染成許多明亮的顏色。

材料

白色咖啡濾紙／紙杯／水

工具

剪刀／水性筆（黑色等深色系）

79

利用橡皮筋的彈力高高發射出去！

火箭發射台

靠一條橡皮筋就能讓火箭順利地發射。

無論作法或構造都簡單又單純。事不宜遲，趕緊來做做看吧！

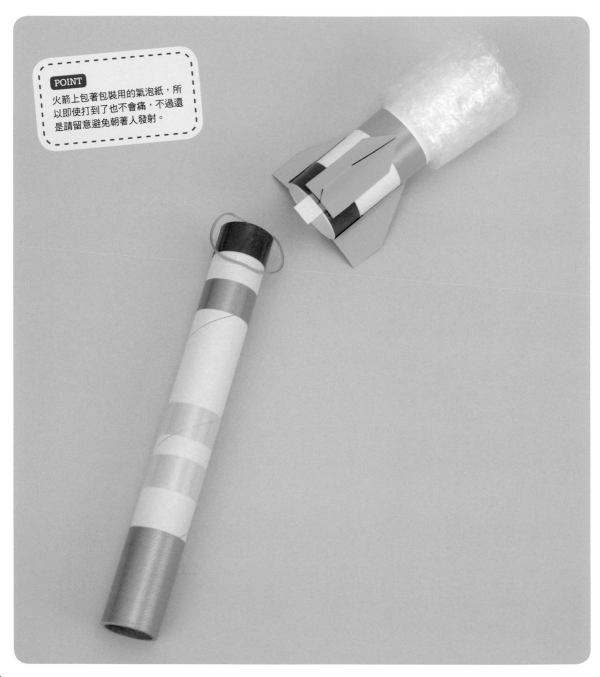

POINT
火箭上包著包裝用的氣泡紙，所以即使打到了也不會痛，不過還是請留意避免朝著人發射。

玩法

將火箭的爪扣掛在發射台的橡皮筋上，往下拉後放手，火箭就會發射出去了。

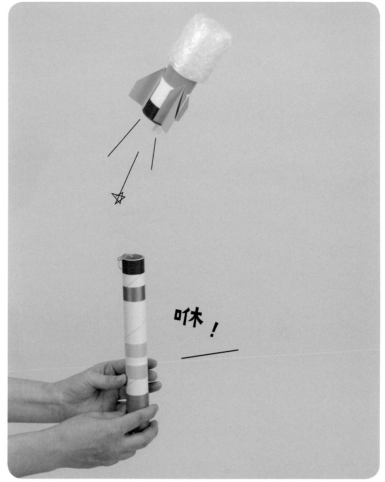

咻！

作法

❶製作發射台。用透明膠帶將橡皮筋牢牢固定於保鮮膜捲筒芯的前端。用彩色封箱膠帶等添加裝飾。

❷製作火箭。在衛生紙捲筒芯前端纏繞2～3層的包裝用氣泡紙，用透明膠帶固定。將厚紙板裁剪成長方形的爪扣，並用透明膠帶貼於火箭的下半部。貼上用彩色美術紙製作而成的尾翼做裝飾。

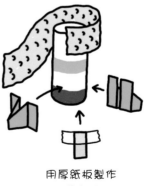

用厚紙板製作而成的爪扣

材料

保鮮膜捲筒芯／橡皮筋／衛生紙捲筒芯／包裝用氣泡紙／厚紙板／彩色美術紙

工具

剪刀／透明膠帶／彩色封箱膠帶

80

來窺探鏡中的世界吧！

神奇的鏡子遊戲！

於長條紙張上繪圖，再試著用鏡子一照……映照出不可思議的圖案。
能感受鏡子不可思議之處的科學遊戲。

POINT

將紙張從鏡子底下的縫隙放入，慢慢地移動。

玩法

在紙上畫好喜歡的圖案，立起鏡子並打開至60°左右，將紙張從下方放入。試著一邊緩緩移動紙張，一邊觀察鏡子吧！孩子一定會為美麗又不可思議的世界深深著迷！反射於鏡中的圖案非常有趣，就開心地來玩吧！

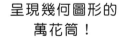

呈現幾何圖形的萬花筒！

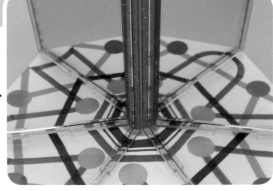

讓這張紙從鏡子底下通過……

142

線舞竟然
變成圓圈舞！

讓這張紙從鏡子底下通過……

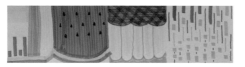

將這張紙從鏡子底下通過……

出現了
西瓜呢！

作法

❶依圖所示將2面鏡子的鏡面相對，並用透明膠帶黏合背面，使鏡子能夠打開（Ⓐ）。

❷用透明膠帶將3根竹籤直立黏貼在鏡子背面的中央及兩端，各從下方露出5mm左右（Ⓑ）。

❸鏡子打開至約60°並立起來，將彩色美術紙裁切成長條狀，其寬度需能夠通過鏡子底下。於紙上描繪出圖案或花紋（Ⓒ）。

❹使③的圖畫通過鏡子下方，左右移動紙張，觀察鏡中的圖案，好好欣賞一番。

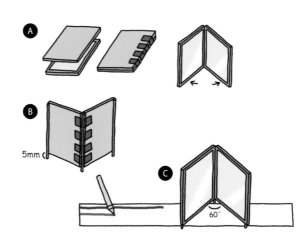

Ⓐ

Ⓑ

5mm

Ⓒ

60°

材料

四角形鏡子（2面）／竹籤3根（或免洗筷3枝）／彩色美術紙

工具

剪刀／透明膠帶／筆

活 用 膠 帶 的 訣 竅

利用膠帶「黏貼」

各種膠帶比膠水或黏著劑更方便使用,是製作玩具時不可或缺的工具。

透明膠帶、封箱膠帶、布膠帶等等,膠帶的種類繁多,其中又以「雙面膠」的活用範圍最為廣泛。紙張當然不用說,還可用於塑膠等膠水無法黏著的材料上,不僅如此,也相當適合用於「紙張與塑膠」、「金屬與紙張」等不同素材之間的黏合。此外,因為瞬間就能黏合,不但可以省下等待乾燥的時間,成品也很漂亮!事先準備好這項工具,製作起來會方便許多。

· · · · · · ·

利用膠帶「裝飾」

膠帶的功用不僅限於黏合,也很適合用來當作裝飾作品的工具。尤其是色彩繽紛的絕緣膠帶,運用在添加裝飾也很方便。可用於裝飾寶特瓶這類水彩或水性筆難以附著的材料,也可用來裝飾紙類勞作。貼起來的感覺與貼紙雷同,因此對孩子而言是既簡單又有趣的作業!若遇到需要大面積上色的情況,還可以試著使用比絕緣膠帶更寬的彩色封箱膠帶。此外,文具店或生活雜貨店裡販售的紙膠帶,用來裝飾也再適合不過了。紙膠帶不僅顏色、圖案豐富多樣,重點是好貼、易撕。請務必活用在孩子的作品上!

將有圖案的紙膠帶運用於女兒節玩偶陳列台前方,使女兒節玩偶裝飾顯得格外漂亮(圖為150頁的收納式女兒節玩偶裝飾)。

PART 6

活動 & 節慶
的玩樂點子！

讓孩子們引頸期盼的
季節性活動或節慶
更加興致高昂的玩具大集合！

轉呀轉呀轉個不停！

日本新年的陀螺遊戲

不管是零食紙盒、CD、還是絕緣膠帶，什麼東西都拿來轉呀轉！
這可是日本新年時節必玩的遊戲喔！

81 彈珠＋寶特瓶瓶蓋 ＋零食紙盒

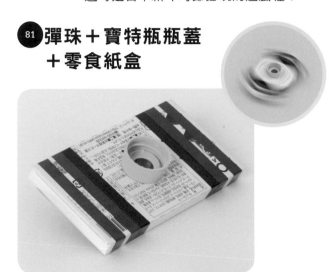

作法

❶用透明膠帶將寶特瓶瓶蓋貼在平坦的零食紙盒中心點上。
❷將紙盒翻面，用透明膠帶將彈珠貼於中心點。
❸抓住寶特瓶瓶蓋旋轉。

82 彈珠＋CD

作法

❶將彈珠抵在CD中央的圓孔，並用透明膠帶固定。
❷將CD翻面，用圓形貼紙等添加裝飾。
❸裝飾面朝上，張開手並將指尖置於CD邊緣，扭轉手腕轉動CD。

83 牙籤＋絕緣膠帶

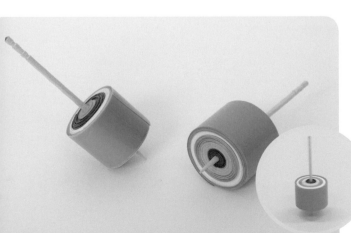

作法

以牙籤為軸心，將絕緣膠帶一圈圈纏繞其上。纏繞時不妨變換顏色，旋轉起來會更漂亮。

84 螺絲＋厚紙板

作法

❶用圓規於厚紙板上描繪出圓形，裁剪下來，在表面畫上喜歡的圖案。
❷將螺絲與螺帽固定於中心的孔洞。

86 竹籤＋紙盤

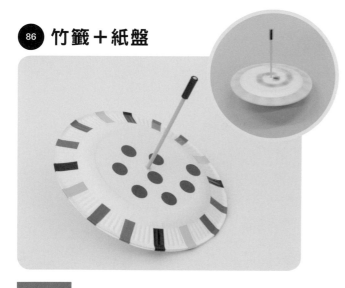

作法

❶重疊2片紙盤，並用竹籤在中心處鑽孔。
❷將其中一片翻面，對準另一片（呈飛碟形狀），用透明膠帶黏合，再將竹籤穿過孔洞。
❸用絕緣膠帶纏繞於牙籤上方，再用貼紙等添加裝飾。

85 牙籤＋扭蛋殼

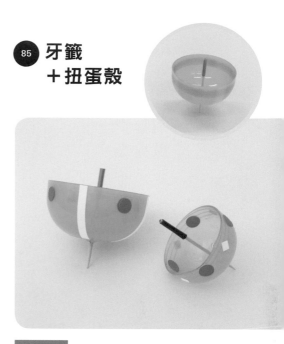

作法

❶取扭蛋殼較軟的一側，用錐子於中央鑽孔，再將牙籤插入孔中。
❷用絕緣膠帶纏繞於牙籤上方，再用貼紙等添加裝飾。

Advice

取中心點的方式

找出四角型盒子的中心點
方法：畫出對角線，交叉點即為中心點。

找出圓形紙盤的中心點
方法：準備與紙盤直徑相同的紙張，並依圖所示摺疊紙張，摺疊線的交叉點即為中心點。再將之轉印至紙盤上。

147

時而拉緊、時而放鬆繩子，讓輪子旋轉吧！
風火輪

. . . .

這是日本傳統的玩具之一——風火輪！
好好感受繩子如橡膠般伸縮自如的感覺、並欣賞圖案的變化吧！

87 紙盤風火輪

作法

❶於2片紙盤表面畫上喜歡的圖案，再用雙面膠黏合其背面。
❷用錐子等於中心點的兩側等距鑽兩個小孔。
❸將風箏線等繩子穿過②的孔洞，打結。

將紙盤旋轉數次，使繩子扭轉，再用雙手時而左右拉扯、時而放鬆繩子，使紙盤旋轉起來。

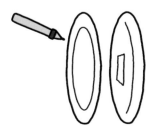

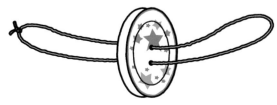

88 牛奶紙盒風火輪

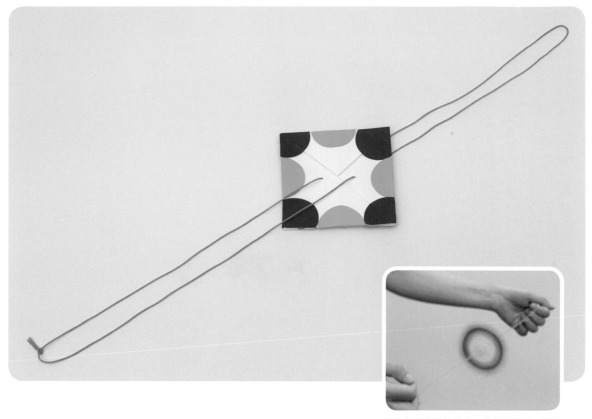

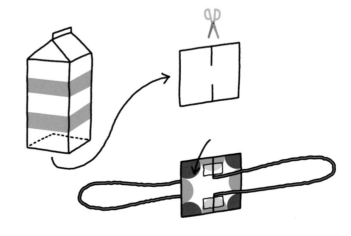

將牛奶紙盒旋轉數次，使繩子扭轉，再用雙手時而左右拉扯、時而放鬆繩子，讓紙盒開始旋轉。

作法

❶裁切取下牛奶紙盒的底部。
❷依圖所示於兩處剪出缺口，將棉線等繩子夾在缺口中，再用透明膠帶黏合固定。將繩子打結。
❸用圓形貼紙等添加裝飾。

材料

紙盤2個／棉線／牛奶紙盒／圓形貼紙

工具

剪刀／錐子／透明膠帶／雙面膠／筆

即使女兒節過了，還是可以拿來當月曆！

收納式女兒節人偶裝飾

將女兒節人偶裝飾做成彈出式的立體卡片。對摺起來就不占空間！
也可以當作月曆來裝飾家裡。

作法

❶將厚紙板對摺，用膠水（或是雙面膠）將金色色紙貼在上半部，將紅色色紙貼在下半部。

❷依圖所示裁剪、摺疊粉紅色美術紙，再貼於①上（**A**）。

❸依插畫所示裁剪、摺疊粉紅色美術紙，再貼於②上（**B**）。

❹用紙張製作天皇及皇后的人偶，貼於插圖的★處，再用色紙做成桃花等裝飾。

❺用錐子於紙板的四個角落鑽孔，將繩子穿過，使紙板打開呈90°，將兩端繩子打結，以繩結作為固定點（**C**）。

❻紙板摺疊起來時，將鬆弛的繩子打結，收納起來。將月曆等貼於表面（**D**）。用紙膠帶等添加裝飾。

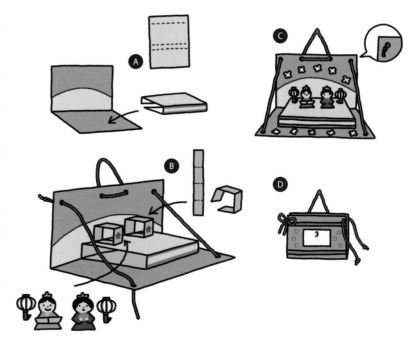

材料

厚紙板／金色或紅色等色紙／粉紅色的彩色美術紙／繩子／月曆等／紙膠帶等

工具

剪刀／錐子／膠水（或雙面膠）

90 兒童節變身組

將熟悉的頭盔、盔甲和刀劍配成一套。瞬間化身為戰國武將。
威風凜凜又英勇無比，帥氣無法擋！

勝負已定！

作法

頭盔

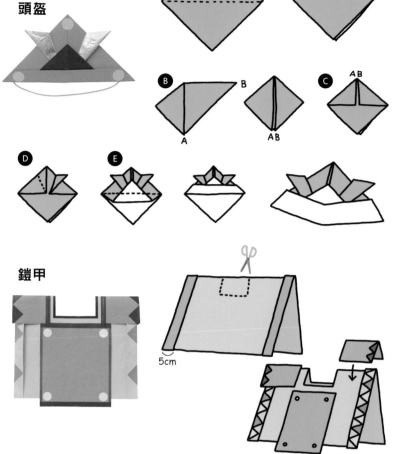

準備邊長約為報紙1頁寬度的正方形彩色美術紙。依圖所示的順序摺出一模一樣的紙頭盔。

❶ 先從對角線對摺，摺出大的三角形（Ⓐ）。

❷ 對準下方直角處，將A與B分別往下摺疊（Ⓑ）。

❸ 將A與B對準上方直角處，往上反摺（Ⓒ）。

❹ 將A與B向外側反摺（Ⓓ）。

❺ 將上層紙張稍微往上摺，再將下半部分依谷線摺起（Ⓔ）。下層紙張則往內側摺入。

❻ 用鋁箔紙或彩色美術紙、圓形貼紙等添加裝飾，如有需要可用塑膠繩綁於兩側。

鎧甲

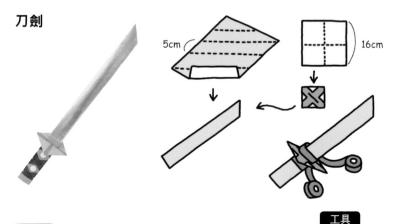

5cm

❶ 準備約40cm×80cm大小的彩色美術紙，依圖所示將兩側摺起5cm左右，再山摺成一半，於山脊中央處剪掉一個四角形，並用彩色封箱膠帶等裝飾邊緣。

❷ 用彩色封箱膠帶分別將不同顏色的四角形彩色美術紙貼於前胸處、將對摺成一半的彩色美術紙貼於雙肩上。

刀劍

5cm   16cm

❶ 準備與報紙大小相當的彩色美術紙，以5cm的寬度從一端斜斜地往內摺疊，最後用透明膠帶黏合。將其中一端摺起（劍柄部位），用透明膠帶黏合。

❷ 將邊長16cm左右的正方形彩色美術紙對摺成¼，用彩色封箱膠帶黏合，用美工刀於對角線上切割出缺口，完成護手部位。

❸ 用雙面膠將鋁箔紙貼於①上，從②的缺口插入，再於兩側纏繞絕緣膠帶防止脫落。

材料

彩色美術紙／鋁箔紙／圓形貼紙／鬆緊帶

工具

剪刀／美工刀／透明膠帶／雙面膠／絕緣膠帶／彩色封箱膠帶

試著將今年的短冊裝飾在銀河上吧！ ※日本七夕時會在細長型紙張上寫上願望，再綁在竹葉上許願。

七夕銀河

當試用報紙製作出簡易的銀河，再將寫了七夕願望的短冊裝飾其上吧！
請好好享受一下不同於以往的七夕裝飾。

作法

❶準備1頁報紙，縱向對摺3次。

❷依圖所示，裁剪出缺口（一邊約剪14處）。

❸輕輕地將報紙攤開，小心避免破損，貼上圓形貼紙等添加裝飾。

❹如同撐開防水布般，將3張貼於天花板或牆上，用線將色紙做成的短冊或裝飾吊掛其上（也可以用透明膠帶固定）。

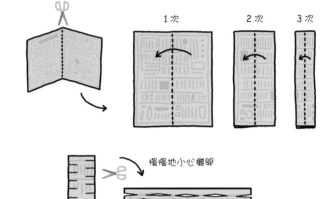

1次　2次　3次

慢慢地小心攤開

\超 簡 單!/

將色紙對摺後裁剪出缺口，展開並黏合成圓筒裝飾。

用色紙製作五顏六色的短冊吧！

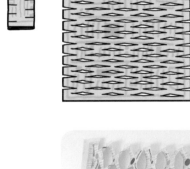

貼上圓形貼紙裝飾的話，漂亮許多呢！

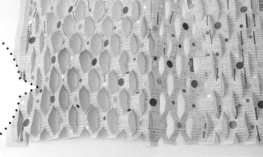

材料

報紙／圓形貼紙／色紙／線

工具

剪刀／透明膠帶

將大約 4 頁的
報紙裝飾在
天花板上
就很有氣勢呢！

Advice

將用廣告傳單捲成的細長條
紙棒（用伸縮棒也OK），
分別裝設在天花板或角落，
再將「銀河」掛上去來裝飾
也不錯。若是能在天花板貼
上深色紙張的話，整體氣氛
更升級。

92

南瓜的臉會閃閃發光喔！

萬聖節南瓜燈

萬聖節已經是孩子們每年必過的節日。
用空箱就能簡單製作「南瓜妖怪燈」，不妨用來裝飾臥室吧！

POINT
製作訣竅在讓鋁箔紙有些許皺褶，並且以蓬蓬的狀態固定在箱子裡。

影子浮現眼睛、鼻子和嘴巴，也是注目焦點！

玩法

在漆黑的臥室裡打開
手電筒來玩。

纏上絕緣膠帶調整，
使手電筒恰到好處地
嵌入洞中。

作法

❶用雙面膠將橘色美術紙貼在空紙
箱上。

❷用鉛筆於前方打草稿，畫出眼
睛、鼻子和嘴巴的形狀，再用美工
刀切割挖空，並於上方中央處切割
出能嵌入手電筒大小的洞口。

❸先用油性筆將鋁箔紙著色、稍微
搓出皺褶後再放入箱子中，用雙面
膠稍微固定。

❹將絕緣膠帶纏繞於手電筒前端，
調整成能緊密嵌入上方孔洞的大
小，再插入立於其上。

材料

空紙箱／彩色美術紙／鋁箔紙／手電筒

工具

剪刀／美工刀／雙面膠／絕緣膠帶／鉛筆／油性筆

93 聖誕倒數驚喜日曆

每天拆開一個袋子，直到聖誕節到來。
用倒數日曆的方式布置臥室。真是令人迫不及待呢！

材料

信封（標準細長型）／包裝紙／貼紙／彩色美術紙／緞帶
（或繩子）／夾子／放入袋中的零食等小禮物

工具

剪刀／膠水／筆

玩法

依照距離聖誕節所剩的天數準備數個袋子。將孩子最愛的零食或小玩具裝進袋中，再用夾子夾掛在臥室裡。一天只能打開一個袋子。和孩子一起興高采烈地度過聖誕前的每一天吧！

作法

❶將信封口黏起來後，裁切對半。

❷依圖所示將①摺出摺線，放入小零食或玩具，將開口的左右兩側分別循著摺線往中間摺成立體三角形（開口線與底部呈直角），用膠水黏起來。

❸若是使用包裝紙製作，則依圖所示摺疊後，裁剪成10cm左右的長度，再將黏合處摺起黏好。用膠水將其中一邊的缺口黏起來，並依圖所示摺出摺線，放入小零食或玩具，將另一邊開口的左右兩側分別循著摺線往中間摺成立體三角形（開口線與另一邊封口呈直角），用膠水封黏起來。

❹貼上貼紙或彩色美術紙，或是畫上圖案添加裝飾。

❺在臥室拉起緞帶或繩子，用夾子將袋子夾在繩子上當作裝飾。

若是使用信封

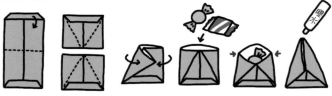

若是使用包裝紙

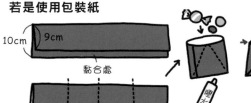

10cm

9cm

黏合處

10cm

裝飾方法

在袋子裡放入一些小零食或玩具吧！

炒熱生日派對的愉快氣氛！

94 生日祝賀彩球

這款彩球很簡單，只要結合兩個牛奶紙盒並用繩子接起來即可。
將繩子往下一拉彩球就會分開，跳出祝賀訊息。

作法

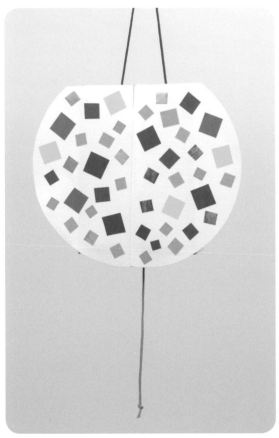

❶將牛奶紙盒的開口處撕開，於4條邊線剪出缺口，剪
下其中一面（**A**）。

❷依圖所示，將缺口面的下方從中間裁剪開來，往內
摺，用雙面膠固定（**B**）。

❸用雙面膠將開口處貼合，使其闔上。這個要製作2個
（**C**）。

❹將2個牛奶紙盒的開口相對，於瓶口處黏上布膠帶連
接，使2個紙盒能開闔，再依圖所示，用錐子於4個點
鑽孔（**D**）。

❺將綁了牙籤的棉線由內而外穿過外側的兩個小孔，在
上方打結（此為吊掛用的繩子）（**E**）。

❻將棉線穿過內側的2個小孔，做成環狀打結，再綁上
另一條棉線（此為拉扯用的繩子）（**F**）。

❼用透明膠帶將長條紙帶和寫了訊息的紙貼在牛奶紙盒
的內側。

❽將彩色美術紙裁剪成半圓形，用雙面膠黏貼於紙盒
前方，裁剪上方使之與紙盒對齊。用色紙添加裝飾
（**G**）。

玩法

將長條紙帶等裝飾放入牛奶紙盒中再闔上，垂掛起來。將繩子往下一拉，祝賀彩球便立刻打開，裡頭的裝飾和訊息就會跳出來。

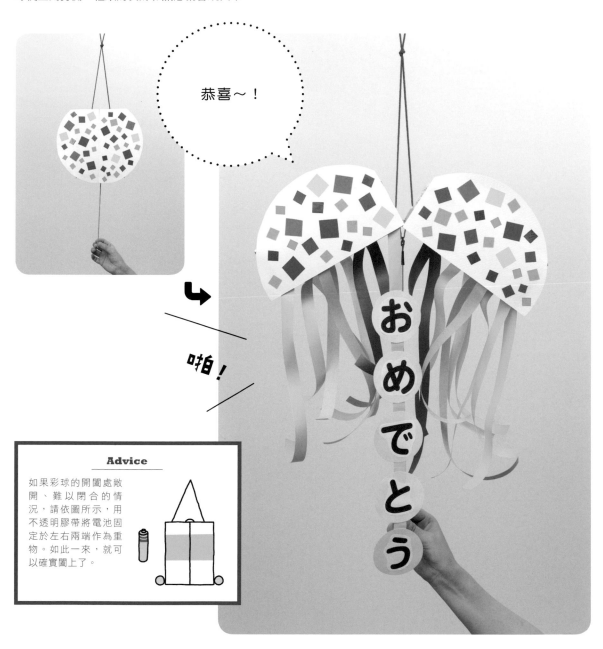

Advice

如果彩球的開闔處敞開、難以閉合的情況，請依圖所示，用不透明膠帶將電池固定於左右兩端作為重物。如此一來，就可以確實闔上了。

材料

牛奶紙盒2個／棉線／牙籤／長條紙帶／彩色美術紙／色紙

工具

剪刀／錐子／透明膠帶／雙面膠／布膠帶

95

讓生日派對歡樂無比！

生日快樂！
生日祝賀拉炮

紙球會從紙杯中飛蹦而出的手工拉炮。
只是運用橡膠彈力的簡單構造，就能讓小球飛出，十分有趣。

Happy Birthday!

玩法

把紙球放入紙杯中，將線往下拉扯。一放手紙杯就會因橡皮筋的彈力而移動，裡面的紙球也趁勢飛出。這款拉炮雖然不會發出聲響，但華麗程度不減。

作法

❶ 準備2個紙杯，用錐子（或圖釘）分別在2個杯底穿好孔洞（Ⓐ）。

❷ 於1個紙杯的開口處裁剪出4個缺口，將橡皮筋交叉套入缺口，呈8字狀（Ⓑ）。

❸ 將棉線穿過另一個紙杯的孔內，一端綁上剪成一半長度的牙籤，用透明膠帶固定於杯底（Ⓒ）。

❹ 將③疊合於②上，③的棉線穿過②的小孔，於圖所示位置綁上剪成一半長度的牙籤，作為制動桿（Ⓓ）。

❺ 將色紙搓成圓球並貼上閃亮膠帶等做成紙球，將小球放入③的紙杯中，拉扯棉線後放手，裡面的紙球就會彈跳出來（Ⓔ）。

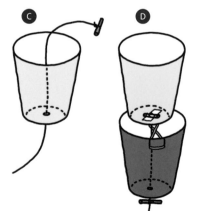

Advice

事先在紙球中包入號碼牌等，再活用於抽籤活動也OK。不同的小巧思，可延伸出各式各樣的使用方式。

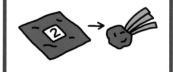

材料

紙杯2個／橡皮筋／棉線／牙籤／色紙／閃亮膠帶

工具

剪刀／錐子（或圖釘）／透明膠帶

96

從吸管吹氣星星就會飛起來！

生日快樂！
愉快無比壽星帽

這款壽星帽中暗藏著簡單的構造。
只要往吸管吹氣，星星就會從頭頂飛起來。

彈出！

一吹氣就……

星星
飛起來了！

咻！

反過來說，只要吸氣星星就
會回到原位喔！

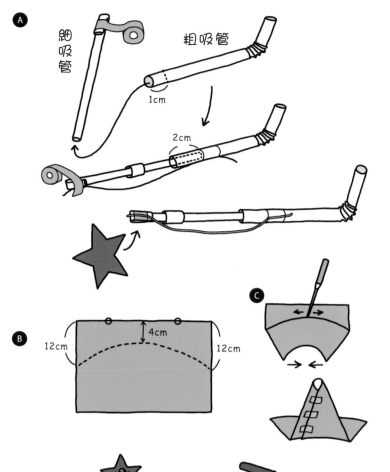

作法

❶將細吸管一端摺起一小塊，用透明膠帶固定。

❷將粗的彎吸管前端先剪下1cm，再將①的細吸管插入這兩段粗吸管內，依圖所示，於插入細吸管的2cm左右處拉一條線，用透明膠帶固定於兩端。將彩色美術紙做成的星星貼於細吸管前端（Ⓐ）。

❸依Ⓑ所示，用鉛筆在彩色美術紙上畫出曲線，用前端尖尖的工具（原子筆等）摩擦曲線，邊沿著曲線摺起、邊捲成圓錐狀，用透明膠帶黏合重疊處（Ⓒ）。

❹依圖所示，將②的吸管黏貼於帽子上，再串接彎吸管，使其延伸至嘴邊（Ⓓ）。用貼紙等裝飾帽子。

Advice

作法②完成的半成品就可以玩得很開心。雖然只是對吸管吹吹氣、吸吸氣，但讓星星上下移動的單純動作，就能讓孩子們樂不可支。

材料

細吸管／粗的彎吸管／線／彩色美術紙（B4尺寸）／貼紙

工具

剪刀／前端尖尖的工具（原子筆等）／透明膠帶／鉛筆

97

角色扮演遊戲
之報紙變身帽

在活動上也能炒熱氣氛、孩子們最愛的「角色扮演遊戲」。
首先，利用報紙變身成魔法使吧！

作法

魔法帽

❶將整張報紙裁剪成一半，剪成一頁一頁。依圖所示將一頁攤平，上方摺出山線，再於下方黏上布膠帶。捲成圓筒狀並用透明膠帶黏合。

❷於另一張報紙上畫一個比①的圓筒直徑稍小的圓，並裁切下來。周圍也裁剪成圓形，做成甜甜圈的形狀。

❸將①擺於②上，用透明膠帶固定外側。內側則裁剪出多個缺口，一一往內摺，並用透明膠帶固定。

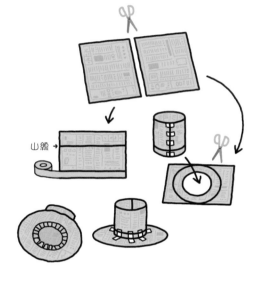

魔法披肩

❶將整張報紙縱向攤平，依圖所示將上方往下摺。

❷沿著摺下部位的上方貼上布膠帶。其他邊緣處則貼上透明膠帶補強。

❸摺好衣領部位，用透明膠帶黏上橡皮筋，使之能夠圍起。

魔杖

❶將2頁報紙一圈圈捲起，變成細長的棒子，用透明膠帶固定。

❷依圖所示，將布膠帶纏繞於兩處，於上方裁剪出多個缺口並使紙條往外散開。

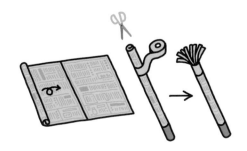

魔法帽

魔杖

魔法披肩

在化裝舞會上
嗨翻天吧！

材料

報紙／橡皮筋

工具

剪刀／透明膠帶／布膠帶

守護地球的無敵勇者登場囉！

角色扮演遊戲
之氣泡紙配劍

「角色扮演遊戲」接著是勇者登場！
用配劍、盾牌和勇氣為我們守護地球。帥氣無敵！

勇氣滿分！

配劍

POINT
因為是包裝用的氣泡紙，所以即
使不小心打到也不會痛。

盾牌

作法

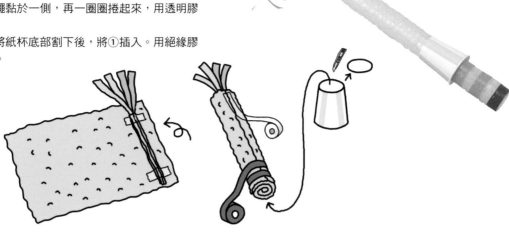

配劍

❶將包裝用的氣泡紙攤平，依圖所示，用透明膠帶將包裝用塑膠繩黏於一側，再一圈圈捲起來，用透明膠帶固定。

❷用美工刀將紙杯底部割下後，將①插入。用絕緣膠帶添加裝飾。

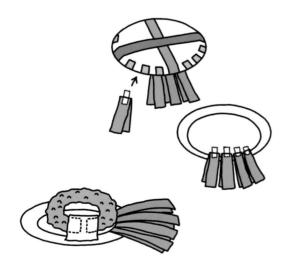

盾牌

❶用絕緣膠帶在紙盤背面添加裝飾（畫上喜歡的圖案也OK）。

❷依圖所示，於紙盤表面（盾牌的內側）部分位置，用透明膠帶黏上包裝用塑膠繩裝飾，接著捲起包裝用氣泡紙做成環狀，並用透明膠帶黏合固定於紙盤上，充當把手。

把手的部位也利用
包裝用氣泡紙。

材料
包裝用氣泡紙／包裝用塑膠繩／紙杯／紙盤

工具
剪刀／美工刀／透明膠帶／絕緣膠帶

169

角色扮演遊戲 之兩用面具＆公主假髮

最後要介紹的角色扮演遊戲是「面具」與「假髮」。
上下顛倒就變成另一角色的神奇面具，以及皇冠頭飾閃閃發亮的公主假髮。

99 兩用面具（狸貓＆鬍子大叔）

作法

❶將紙盤中央裁剪挖空。
❷依圖所示，用彩色美術紙製作出狸貓的眼眶、耳朵、蝴蝶結，並一一用透明膠帶黏上。
❸用圖畫紙做出2條帶子，用透明膠帶固定於紙盤上，並在其中一端黏上橡皮筋。接著將另一端穿過橡皮筋，配合頭圍大小反摺，用透明膠帶固定。

上下顛倒，
就變身成
鬍子大叔！

我是小狸貓……

100 公主假髮

作法

❶將包裝用塑膠繩撕成細長條狀，用雙面膠黏貼於泡麵碗上。

❷依圖所示將紙碗裁切成皇冠形狀，表面用雙面膠黏上鋁箔紙，倒扣於①上，用透明膠帶固定。

材料

紙盤／彩色美術紙／圖畫紙／橡皮筋／泡麵碗／包裝用塑膠繩／紙碗／鋁箔紙

工具

剪刀／美工刀／透明膠帶／雙面膠

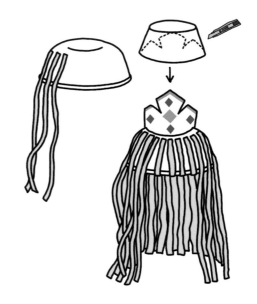

令人怦然心動的
公主誕生了！

磁鐵劇院

手腳和頭都會動來動去的神奇機器人

這款機器人會扭來扭去、動作十分奇特。
構造很簡單！只要操作背後的磁鐵即可。即興創作故事來玩吧！

POINT
可以用瓦楞紙製作的框架支撐立起，也可以用手直接拿著玩。

只要移動背後的磁鐵，
就會……

作法

❶製作板子：用彩色封箱膠帶（用彩色美術紙也OK）黏貼在與瓦楞紙差不多厚的紙板上，並將裁切成半圓形的瓦楞紙固定於兩側，使板子立起。

❷製作機器人：準備2條裁切成細長條狀的彩色美術紙，交互摺疊成如蛇腹般的紙彈簧。共製作5條（4條較長，當作手腳；1條較短，當作脖子）。

❸用彩色美術紙製作臉、手腳及身體的零件，再用雙面膠一一與❷的紙彈簧黏接起來，並將磁鐵黏貼於臉與手腳的部位（Ⓐ）。

❹用雙面膠將身體固定於❶的板子上，臉、手腳的部位則從背面用磁鐵吸附固定。

紙彈簧的作法

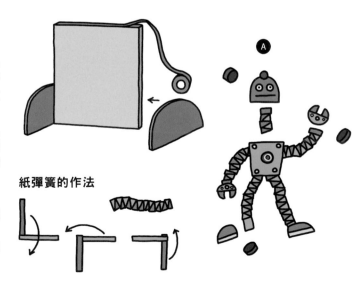

玩法

因為裝在機器人身上的磁鐵和背面的磁鐵會相吸，所以可以移動機器人的手腳和脖子。

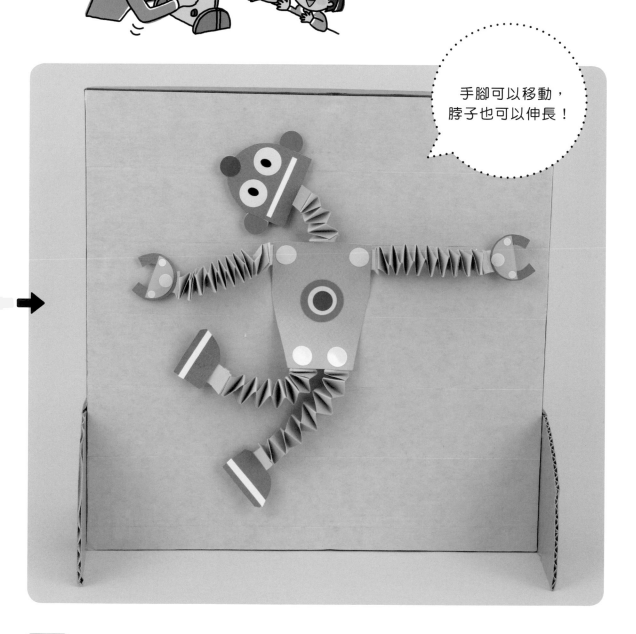

手腳可以移動，
脖子也可以伸長！

材料

較厚、較硬的厚紙板／瓦楞紙／彩色美術紙／磁鐵

工具

剪刀／雙面膠／彩色封箱膠帶

◆編著者介紹

築地制作所

本書中的每個單元皆由立體造型作家（佐々木伸、立花愛子、とりご
えこうじ）與自由編輯（青木智子、神崎典子、木村里恵子）共同製
作。目前正以「立體造型與孩子的遊戲」為主題，透過書籍、雜誌、
節慶活動、電視節目等多元媒介舉辦各式活動。著有《5回で折れ
る！遊べる紙折り紙》、《3歳からのはじめてのおりがみ遊び》、
《かんたん！遊べる！ビックリ工作》（以上為日本PHP研究所出
版）、《ちょこっと遊びBEST 70》（日本小學館出版）等書。

日文版工作人員

企劃、製作：佐々木伸／立花愛子／とりごえこうじ
裝幀：近江デザイン事務所
內文設計：大崎善治（SakiSaki）
插畫：はたのいくた
攝影：大村昌之
攝影協助：野田健太／人見夏乃子
編輯、執筆：青木智子／神崎典子／木村里恵子

讓孩子均衡發展的科學玩具101款

2016年7月 1 日初版第一刷發行
2020年1月31日初版第三刷發行

編　　著　築地制作所
譯　　者　童小芳
編　　輯　黃嫣容
美術編輯　歐陽沛瑀
發 行 人　南部裕
發 行 所　台灣東販股份有限公司
　　　　　＜地址＞台北市南京東路4段130號2F-1
　　　　　＜電話＞(02)2577-8878
　　　　　＜傳真＞(02)2577-8896
　　　　　＜網址＞http://www.tohan.com.tw
郵撥帳號　1405049-4
新聞局登記字號　局版臺業字第4680號
法律顧問　蕭雄淋律師
總 經 銷　聯合發行股份有限公司
　　　　　＜電話＞(02)2917-8022
香港總代理　萬里機構出版有限公司
　　　　　＜電話＞2564-7511
　　　　　＜傳真＞2565-5539

Printed in Taiwan
購買本書者，如遇缺頁或裝訂錯誤，
請寄回調換（海外地區除外）。

國家圖書館出版品預行編目(CIP)資料

讓孩子均衡發展的科學玩具101款 ／ 築地制作所編著；
童小芳譯. -- 初版. -- 臺北市：臺灣東販, 2016.07
176面 ；18.2x23.5公分
ISBN 978-986-475-071-9 (平裝)

1.玩具 2.手工藝

426.78　　　　　　　　　　　　　　105009424

ATAMA TO KARADA WO TSUKAU TEZUKURI OMOCHA
©TSUKIJI SEISAKUSHO 2013
Originally published in Japan in 2013 by
PHP Institute, Inc. TOKYO,
Traditional Chinese translation rights arranged with
PHP Institute, Inc, TOKYO,
through TOHAN CORPORATION, TOKYO.